"十二五"职业教育规划教材

Dianzi Jishu Jichu yu Jineng

电子技术基础与技能

杨少妹　周秀梅　主　编

林　曦　副主编

人民交通出版社股份有限公司
China Communications Press Co.,Ltd.

内 容 提 要

本书为"十二五"职业教育规划教材,主要内容包括:制作 LED 方向指示灯,组装直流稳压电源,放大电路的安装与调试,组装声光控楼道灯,数字电路的应用。

本书可供高职、中职院校相关专业教学选用,亦可供行业相关培训、岗前培训使用。

＊本书配有教学课件,读者可于人民交通出版社股份有限公司网站免费下载。

图书在版编目(CIP)数据

电子技术基础与技能 / 杨少妹,周秀梅主编. —北京 : 人民交通出版社股份有限公司,2017.1

"十二五"职业教育规划教材

ISBN 978-7-114-12339-9

Ⅰ.①电… Ⅱ.①杨… ②周… Ⅲ.①电子技术—高等职业教育—教材 Ⅳ.①TN

中国版本图书馆 CIP 数据核字(2015)第 141765 号

"十二五"职业教育规划教材

书　　名:电子技术基础与技能
著 作 者:杨少妹　周秀梅
责任编辑:袁　方　周　凯
出版发行:人民交通出版社股份有限公司
地　　址:(100011)北京市朝阳区安定门外外馆斜街 3 号
网　　址:http://www.ccpress.com.cn
销售电话:(010)59757973
总 经 销:人民交通出版社股份有限公司发行部
经　　销:各地新华书店
印　　刷:北京鑫正大印刷有限公司
开　　本:787×1092　1/16
印　　张:13.75
字　　数:318 千
版　　次:2017 年 1 月　第 1 版
印　　次:2017 年 1 月　第 1 次印刷
书　　号:ISBN 978-7-114-12339-9
定　　价:39.00 元

(有印刷、装订质量问题的图书由本公司负责调换)

前言
QIANYAN

　　根据教育部颁布的教学标准,本书编写人员在认真学习领会有关文件的基础上,结合当前职业教育发展情况,编写了本书。

　　本书的主要特色有:

　　1. 在培训理念、技巧及课程开发等方面,我们突破以往教科书的编写模式,内容上注重理论与实操相结合。

　　2. 为了突出其实用性,编写人员在仔细分析企业岗位技能方面的具体要求的前提下进行了任务设置,在本书教学目标的前提下,强调以学生为中心,突出职业教学培训的特点。

　　3. 本书在某些知识点的介绍上,是以全国目前最先进、最典型的案例来介绍的,配有大量的实物图片,以便于学生能更感性地认知。

　　4. 为方便教学,每个项目结束后,学生可通过实训练习及复习思考题进行自我考核,从而及时检查学习效果。

　　5. 本书编写全程体现了"工学结合、校企合作"的理念,由行业专家、学者全面参与本书的编审。

　　本书由杨少妹、周秀梅担任主编,林曦担任副主编,韩春畴、周宇瑾、周林颂参与编写。其中杨少妹编写项目一之任务三、项目五之任务二、三,周秀梅编写项目二和项目三之任务三,韩春畴编写项目一之任务一、二、四,项目三之任务一、四,周宇瑾编写项目四和项目五之任务一,周林颂编写项目三之任务二。本书在编写过程中得到人民交通出版社股份有限公司的大力支持,在此表示衷心感谢!

由于编者水平有限，时间仓促，书中谬误及疏漏之处在所难免，敬请读者给予批评指正。

编　者
2016 年 **5** 月

目录
MULU

项目一　制作 LED 方向指示灯 ………………………………………… 1
　　任务一　手工焊接技术 ………………………………………………… 1
　　任务二　示波器的使用 ……………………………………………… 12
　　任务三　识别和检测二极管 ………………………………………… 19
　　任务四　制作 LED 方向指示灯 …………………………………… 26
　　复习思考题 …………………………………………………………… 35
项目二　组装直流稳压电源 …………………………………………… 37
　　任务一　整流电路的制作与检测 …………………………………… 37
　　任务二　整流滤波电路的制作与检测 ……………………………… 48
　　任务三　直流稳压电源的制作与检测 ……………………………… 58
　　复习思考题 …………………………………………………………… 68
项目三　放大电路的安装与调试 ……………………………………… 70
　　任务一　识别和检测三极管 ………………………………………… 70
　　任务二　安装和调试分压偏置放大电路 …………………………… 77
　　任务三　集成运算放大电路 ………………………………………… 95
　　任务四　音频功放电路的安装与调试 …………………………… 110
　　复习思考题 ………………………………………………………… 122
项目四　组装声光控楼道灯 ………………………………………… 125
　　任务一　识别和检测晶闸管 ……………………………………… 125
　　任务二　组装声光控楼道灯 ……………………………………… 135
　　复习思考题 ………………………………………………………… 150
项目五　数字电路的应用 …………………………………………… 153
　　任务一　基本逻辑门电路的简单应用 …………………………… 153
　　任务二　4511 八路数显抢答器的装配与调试 ………………… 168
　　任务三　流水灯电路的制作 ……………………………………… 188
　　复习思考题 ………………………………………………………… 207
参考文献 ……………………………………………………………… 211

项目一　制作 LED 方向指示灯

【项目导入】

发光二极管（Light-emitting diode，简称 LED），是一种特殊的二极管，也是一种常用的电子元件。在电路及仪器中的指示灯，室外红、绿、蓝全彩显示屏、流水彩灯都是由发光二极管组成的。因发光二极管比较节能，近年来被广泛应用于家庭照明领域，如 LED 灯具、LED 台灯、LED 手电筒等。图 1-1 所示为发光二极管在生活中的常见应用。

a)室外红、绿、蓝全彩显示屏

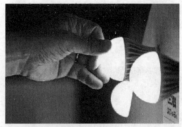
b)LED灯

c)LED手电筒

d)杭州地铁1号线七堡站户外LED显示屏

图 1-1　发光二极管在生活中的应用

任务一　手工焊接技术

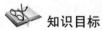 **知识目标**

1. 了解电烙铁的基本原理。
2. 熟悉常用的手工焊接法和步骤。
3. 掌握在万用板上进行拉线的工艺要求与正确方法。

技能目标

1. 掌握电烙铁的检测、维护及正确使用方法。
2. 学会在万用板上按工艺要求进行拉线。

 学习准备

准备所用仪器和元器件：1 个电烙铁（图 1-2）；1 个电烙铁支架（图 1-3）；1 台模拟万用表（图 1-4）；焊锡（图 1-5）；镀锡电子线（图 1-6）；松香（图 1-7）；万用板（图 1-8）；尖嘴钳（图1-9）。

图 1-2　电烙铁

图 1-3　电烙铁支架

图 1-4　模拟万用表

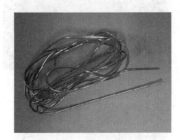

图 1-5　焊锡

图 1-6　镀锡电子线

图 1-7　松香

图 1-8　万用板

图 1-9　尖嘴钳

任务实施

一、手工焊接操作步骤

对于热容量小的焊件,焊接操作的工艺流程见表 1-1。

焊接操作的工艺流程　　　　　　　　　　　　　　　　　　表 1-1

序号	操 作 说 明			操 作 步 骤
1	将电烙铁放置在烙铁架上,接上电源			
2	将电烙铁加热,焊接过程中需要使烙铁处于适当的温度	点松香	根据松香比焊锡的熔点低的特点,可以先用松香,先在烙铁头上点松香	
		沾焊锡	用焊锡来判断烙铁头的温度是否适合焊接,再沾上焊锡,然后根据焊锡的熔化程度来判断温度是否合适,我们称之为点焊锡	
3	焊接元件	加热焊件	电烙铁的焊接温度由实际使用情况决定。一般来说以焊接一个锡点的时间限制在4s最为合适。焊接时烙铁头与印制电路板成45°角,电烙铁头顶住焊盘和元器件引脚,然后给元器件引脚和焊盘均匀预热	
		移入焊锡丝	焊锡丝从元器件脚和烙铁接触面处引入,焊锡丝应靠在元器件脚与烙铁头之间	
4	移开焊锡、电烙铁	移开焊锡	当焊锡丝熔化(要掌握进锡速度)焊锡散满整个焊盘时,即可以45°角方向拿开焊锡丝	

序号	操作说明		操作步骤
4	移开焊锡、电烙铁	移开电烙铁	焊锡丝拿开后,电烙铁继续放在焊盘上持续1~2s,当焊锡只有轻微烟雾冒出时,即可拿开电烙铁,拿开电烙铁时,不要过于迅速或用力往上挑,以免溅落锡珠、锡点,或使焊锡点拉尖等,同时要保证被焊元器件在焊锡凝固之前不要移动或受到震动,否则极易造成焊点结构疏松、虚焊等现象

焊接的时间一般以 2~5s 内为宜,焊点上的焊锡和松香也要适量。焊锡以包着引线灌满焊盘为宜,移开焊锡、电烙铁等待 2~3s 焊点完全冷却,形成一个大小合适而且圆滑的焊点,焊点标准为圆锥形最为合适。如焊锡过多焊点、焊锡过少焊点,图 1-10 所示为不规范焊点。图 1-11 所示为圆锥形焊点。

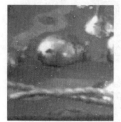  

a)焊锡过多焊点　　　　b)焊锡过少焊点

图 1-10　不规范焊点　　　　　　　　　　　图 1-11　圆锥形焊点

二、万能板上训练拉线技能

镀锡电子线又称光芯线,因为没有外皮包裹,所以称为"光芯",具有耐高温、可焊性能稳定、存放时间长等优点。新锡可以附着 95% 以上,规格有 0.1mm、0.2mm、0.5mm、1mm 等。

使用镀锡电子线(以下简称电子线),配合尖嘴钳在万用板上进行拉线练习。具体操作步骤见表 1-2。

万能板训练拉线　　　　　　　　　　　　　　　　表 1-2

序号	操作说明	操作步骤
1	首先将电子线的一端,焊接固定在万用板一个铜片上,做第一个焊点	
2	用尖嘴钳沿万用板的直线方向,拉直电子线,在电子线方向距离之前一个焊点后两个空位再点上焊锡,焊接第二个焊点	

续上表

序号	操 作 说 明	操 作 步 骤
3	继续用尖嘴钳沿万用板的直线方向,拉直电子线,在电子线方向距离第二个焊点后两个空位再点上焊锡,焊接第三个点。 接着按此方法焊上第四个焊点、第五个焊点……	
4	电子线可以在万用板边缘做拐弯处理,焊接出自己喜欢的图形,拉线完成	

三、学生拓展练习

准备一块废旧电路板,在废旧印刷电路板上,直接用电烙铁对印刷板上的元器件进行拆焊,再把元器件重新焊接上。

拆焊又称解焊。在调试、维修或焊错的情况下,常常需要将已焊接的连线或元器件拆卸下来,这个过程就是拆焊,它是焊接技术的一个重要组成部分。在实际操作上,拆焊要比焊接更困难,更需要使用恰当的方法和工具。如果拆焊不当,便很容易损坏元器件,或使铜箔脱落而破坏印制电路板。因此,拆焊技术也是应熟练掌握的一项基本功。

拆焊有多种工具,比如不带电吸锡器(图 1-12),镊子(图 1-13),吸锡绳、尖嘴钳(图1-14),吸锡电烙铁(图 1-15)。

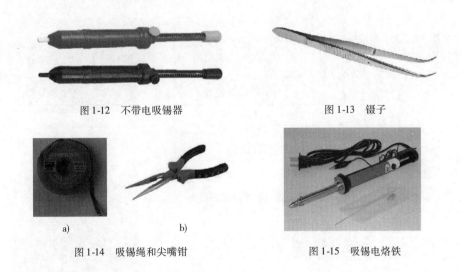

图 1-12 不带电吸锡器 　　　　图 1-13 镊子

a)　　　　　　b)

图 1-14 吸锡绳和尖嘴钳 　　　　图 1-15 吸锡电烙铁

现仅介绍使用电烙铁进行拆焊,其操作步骤见表 1-3。

拆 焊 操 作 步 骤 表 1-3

序号	操 作 说 明		操 作 步 骤
1	将旧电路板上的元器件,用电烙铁把电路板上的元器件逐个拆下	把旧电路板用夹子固定住,或者找其他人帮忙拿住,然后用尖嘴钳夹住要拆下的元件的一根引脚	
		用电烙铁对被夹引脚上的焊点进行加热,以熔化该焊点上的焊锡。待焊点上的焊锡全部熔化,将被夹的元件引脚轻轻从焊盘孔中拉出	
		然后用同样的方法,拆焊被拆元件的另一个引脚	
2	将各焊孔扎通。可用电烙铁熔化焊点焊锡后,趁热用针或拆下的元件脚将焊孔扎通		
3	在印刷电路板反面(有铜箔面),将元件引脚焊接在铜箔上,控制好焊接时间为 2 ~ 5s		

续上表

序号	操 作 说 明	操 作 步 骤
4	检查焊接质量。用模拟万用表对所焊元件引脚,与对应引脚所焊焊点进行测量,看看是否导通。符合焊接要求的有几个,将不符合焊接要求的焊点重新焊接	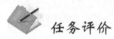

四、手工焊接后续工作

(1)手工焊完后,将未用完的材料或元器件分类放回原位,将桌面上残余的锡渣或杂物扫入指定的周转盒中。将工具归位放好,保持台面整洁。

(2)关掉电源,按照电烙铁使用要求放好电烙铁,并做好防氧化保护工作。

(3)工作人员应先洗净手后才能喝水或吃饭,以防锡珠对人体的危害。

任务评价

项目	内　容	配分	考 核 要 求	扣 分 标 准	得分
工作态度	1.工作的积极性。 2.安全操作规程的遵守情况。 3.纪律遵守情况和团结协作精神	30分	工作过程积极参与,遵守安全操作规程和劳动纪律,有良好的职业道德、敬业精神及团结协作精神	1.违反安全操作规程扣30分,其余不达要求酌情扣分。 2.当实操过程中他人有困难能给予热情帮助则加5~10分	
任务要求	1.拉线构图整体工整。 2.焊点光滑、均匀	50分	1.拉线位置拉直、拐弯处平滑。 2.无搭焊、假焊、虚焊、焊落、焊盘脱落、桥接、毛刺、漏灌以满焊盘为宜	1.拉线弯曲、拐弯处有圆弧,每处扣2分。 2.出现毛刺、焊料过多、焊料过少、焊接点不光滑,每处扣2分	
操作结束	1.工作台面工具摆放整齐,工具摆放方向一致。 2.电烙铁断电拔下插头。 3.清理桌面上残余的锡渣或杂物	20分	1.工具开口一律向外,不超过桌面边缘。 2.烙铁头朝向不许对人。 3.桌面上残余的锡渣或杂物扫入指定的周转盒中	1.工作台面不整洁,酌情扣分。 2.烙铁头朝向人,扣10分。 3.桌面上残余的锡渣或杂物没有清理,扣10分	
合计		100分			

注:各项配分扣完为止。

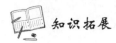知识拓展

一、焊接材料的选用

1. 焊料

焊接材料主要指连接金属的焊料和清除金属表面氧化物的焊剂。

锡(Sn)是一种银白色、质地较软、熔点为232℃的金属,易与铅、铜、银、金等金属反应,生成金属化合物,在常温下有较好的耐腐蚀性。

铅(Pb)是一种灰白色、质地较软、熔点为327℃的金属,与铜、锌、铁等金属不相熔,抗腐蚀性强。

由于熔化的锡具有良好的浸润性,而溶化的铅具有良好的热流性,当它们按适当的比例组成合金,就可以作为焊料,使焊接面和被焊金属紧密结合成一体。根据锡和铅不同配比,可以配制不同性能的锡铅合金材料。

2. 助焊剂

在焊接过程中,助焊剂的作用是为了净化焊料。去除金属表面氧化膜,并防止焊料和被焊金属表面再次氧化,以保护纯净的焊接接触面。它是保证焊接顺利进行并获得高质量焊点必不可少的辅助材料。

助焊种类较多,分成无机类、有机类和树脂类(以松香为主体)三大类。常用的树脂类焊剂有松香酒精助焊剂和中性助焊剂等。

(1)松香酒精助焊剂。在常温下松香呈固态,不易挥发,加热后极易挥发,有微量腐蚀作用,且绝缘性能好。配置时,一般将松香按1:3比例溶于酒精溶液中制成松香酒精助焊剂。

使用方法有两种:一是采用预涂覆法,将其涂于印制板电路表面,以防止印制板表面氧化,这样既有利于焊接,又有利于印制板的保存;二是采用后涂覆法,在焊接过程中加入助焊剂与焊锡同时使用,一般制成固体状态加在焊锡丝中。

(2)中性助焊剂。中性助焊剂具有活化性强、焊接性能好的特点,而且焊前不必清洗,能有效避免产生虚焊、假焊现象。它也可制成固体状态加在焊锡丝中。

(3)选用助焊剂的原则如下:

①熔点低于焊锡熔点。

②在焊接过程中有较高的活化性,黏度小于焊锡。

③绝缘性好,无腐蚀性,焊接后残留物无副作用,易清洗。

二、电烙铁的选用

常用的电烙铁有外热式和内热式两大类。它们工作的原理基本相似,都是在接通电源后,其电阻丝绕制成的加热器发热,加热烙铁头,烙铁头受热温度升高,到达工作温度后,就可熔化焊锡进行焊接。对电烙铁的一般要求是:热量要充足,温度要稳定,耗电少,效率高,安全耐用。

外热式(图1-16)电烙铁常用规格分为25W、30W、45W、100W、150W、200W和300W等10多种,既适用于焊接大型元器件和零部件,也适用于焊接小型元器件。由于烙铁头是插在传热筒里的,电阻丝发出的热量大部分分散发到空间,因此其加热效率低,烙铁头加热比

较缓慢,一般加热到溶化焊锡的温度需 6～7min。由于外热式点烙铁体积比较大,所以焊接小型元器件时显得不方便,在这种情况下,可使用内热式电烙铁。

图 1-16 外热式电烙铁

内热式电烙铁的常用规格有 20W、35W、50W 等,课堂上使用的就是内热式。它由烙铁头、发热器、连接杆和手柄组成。各部分的作用与外热式电烙铁基本相同。不同在于内热式电烙铁的发热器(烙铁芯)装置于烙铁头空腔内部,故称内热式电烙铁。由于发热器在烙铁头内部,热量能完全传到烙铁头上,所以这种电烙铁的特点是升温快,加热效率高(可达 85%～90%)。加热到溶化焊锡的温度只需 3min 左右,而且由体积小、质量轻、耗电省、使用灵巧等优点,最适用于晶体管等小型电子器件和印制电路板的焊接。

1. 电烙铁的检测

电烙铁是手工焊接的基本工具,它的作用是把适当的热量传送到焊接部位,不管是内热式还是外热式电烙铁,都是靠电阻丝把电能转换成热能。在购买电烙铁时,只需使用模拟万用表的欧姆×1K 挡位,测量电烙铁电阻丝的通断便可,电阻丝的阻值一般为 2～3MΩ。当测量插头两端,指针右摆动,可以测量到电阻丝的阻值,说明电阻丝没有断,电烙铁没有坏,如图 1-17a)所示;当测量插头两端,指针不摆动,电阻值无穷大,指针没有摆动,说明电阻丝断路,电烙铁坏了,如图 1-17b)所示。

a)测量到电阻丝的阻值

b)电阻值无穷大

图 1-17 测量电烙铁电阻丝

图 1-18 锉刀

2. 电烙铁的正确使用

一把新烙铁不能拿来就用,必须先去掉烙铁头表面的氧化层,再镀上一层焊锡后才能使用。不管烙铁头是新的,还是经过一段时间的使用或表面发生严重氧化,都要先用锉刀(图 1-18)或者细砂纸将烙铁头按自然角度去掉端部表层及损坏部分并打磨光亮,然后镀上一层焊锡。

(1)烙铁头的防护

烙铁头一般用紫铜和合金材料制成,紫铜烙

铁头在高温下表面容易氧化、发黑，其端部易受到焊料侵蚀而失去原有形状。因此，在使用过程中，尤其是初次使用时需要修整烙铁头。烙铁头的防护具体方法见表1-4。

烙 铁 头 的 防 护　　　　　　　　　　　　　　　表 1-4

序号	操 作 说 明	操 作 步 骤	
1	接通待修理电烙铁的电源，对烙铁头加热。等烙铁头加热到能够熔化松香，用锉刀清除烙铁头表面氧化层		
2	使用锉刀清除烙铁头表面后，烙铁头露出烧红的铜色，并立即将烙铁头修整成适合焊接的形状		
3	及时在清除干净后的烙铁头上涂一层松香以及沾上焊锡	涂松香	
		沾焊锡	
	用焊锡包围烙铁头，以防止烙铁头的氧化，同时有助于将热传到焊接表面上去，提高电烙铁的可焊性		

（2）电烙铁的常用握法

电烙铁使用时一般有反握、正握和握笔 3 种方式，如图 1-19 所示。

具体方法因人而异，其中握笔式较适合于初学者和使用小功率电烙铁焊接印制板。

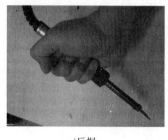

a)反握　　　　　　　　　b)正握　　　　　　　　　c)握笔

图 1-19　电烙铁的常用握法

三、焊接工具的使用

在电子产品的装配过程中，经常需要对导线进行剪切、剥头、捻线等加工处理，对元器的引线加工成型等。在没有专用工具和设备或只需加工少量元器件引线时，要完成这些工序往往离不开斜钳口、尖嘴钳等常用手工工具的使用。下面就来认识一下这些工具，并熟练掌握它们的使用方法和使用技巧。

1. 斜口钳

主要用于剪切导线，尤其是剪掉印制板线路焊接点上多余的引线，选用斜口钳效果最好。斜口钳还经常代替一般剪刀剪切绝缘套管等，如图 1-20 所示。

2. 尖嘴钳

一般用来夹持小螺母、小零部件，尖嘴钳一般带有绝缘套柄，使用方便，且能绝缘。

3. 镊子

镊子的主要用途是在手工焊接时夹持导线和元器件，防止其移动。还可以用镊子对元器件进行引线成型加工，使元器件的引线加工成一定的形状。

4. 剥线钳

剥线钳（图 1-21）适用于各种线径橡胶绝缘电线、电缆芯线的剥皮。它的手柄是绝缘的，用剥线钳的优点在于使用效率高，剥线尺寸准确，不易损伤芯线。还可根据被剥导线的线径大小，在钳口处选用不同直径的小孔，以达到不损坏芯线的目的。

图 1-20　斜口钳　　　　　　　　　　　　图 1-21　剥线钳

任务二 示波器的使用

知识目标

1. 了解示波器的基本原理。

2. 熟悉示波器的操作步骤。

3. 掌握示波器的正确使用方法,学会用示波器观察交流波形,并会正确读取波形的频率和调幅。

技能目标

1. 认识示波器。

2. 规范使用示波器。

3. 用示波器观察交流信号,准确读取交流信号值。

 学习准备

准备所用仪器和元器件:1 台双踪示波器 XJ4328(图 1-22);示波器探极(图 1-23);模拟万用表(图 1-24);输出 6V 交流电的变压器(图 1-25)。

图 1-22 双踪示波器 XJ4328

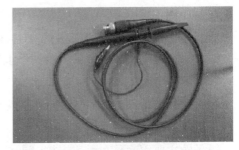

图 1-23 示波器探极

图 1-24 模拟万用表

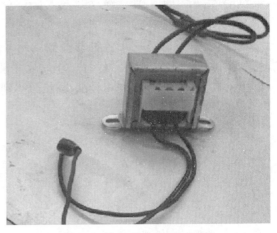

图 1-25 输出 6V 交流电的变压器

任务实施

一、认识示波器面板

双踪示波器 XJ4328 面板分为:前面板(带刻度的显示屏和操作面板),如图 1-26 所示;后面板,如图 1-27 所示。

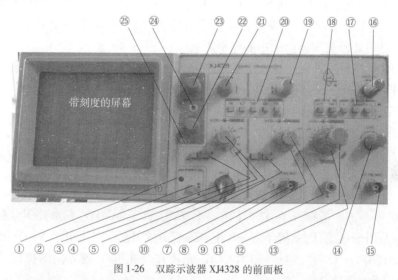

图 1-26　双踪示波器 XJ4328 的前面板

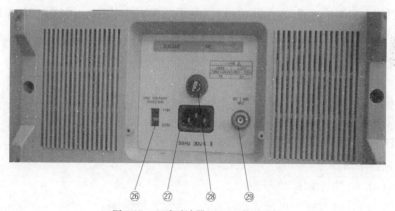

图 1-27　双踪示波器 XJ4328 的后面板

调节控制机构作用如下:

①POWER 指示灯:当电源接通时,指示灯发红光。

②POWER 电源开关:仪器的电源总开关,按下接通。

③⑦输入插座:是 CH$_1$、CH$_2$ 输入插座,作为被测信号的输入端。

④⑩DC、⊥、AC:分别为 Y 放大器 CH$_1$ 和 CH$_2$ 两个通道的输入选择开关,可使输入端为交流耦合、接地、直流耦合。

⑤⑧V/DIV 偏转因数开关:改变输入偏转因数 5mV/DIV ~ 5V/DIV,按 1-2-5 进制共分

10 个挡级。

⑥⑨微调:调节显示波形的幅度,顺时针方向增大,顺时针方向旋转到极限位置,并接通开关时是"校准"位置。

⑪⊥:作为仪器的测量接地装置。

⑫微调:用以连续改变扫描速度的细调装置,顺时针方向旋转到极限位置并接通开关时是"校准"位置。

⑬t/DIV 开关:为扫描时间因数开关,从 $0.5\mu s \sim 0.2s$/DIV 按 1-2-5 进制分 18 挡。

⑭LEVEL 电平锁定:调节触发点在信号上的位置,电平电位器逆时针方向旋至锁定位置,触发点将自动处于被测波形的中心电平附近。

⑮EXT TRIG INPUT 外触发输入插座:当扫描开关置于扫描挡级时,作为外触发输入插座。

⑯POSITION X↔位移:控制光迹在荧光屏 X 方向的位置。

⑰TRIGGER 触发方式选择开关:

+——测量正脉冲前沿及负脉冲后沿宜用" + "。

−——测量负脉冲前沿及正脉冲后沿宜用" − "。

内 INT——内为内触发,触发信号来自 CH_1 或 CH_2 放大器。

外 EXT——外为外触发,触发信号来自外触发输入。

⑱MODE 水平方式选择开关:选择扫描工作方式,置于"AUTO"扫描处于自激状态,置于"TIME"则电路出于触发状态,置于 X—Y 配合垂直方式开关,"Y_2"出于 X—Y 状态。

⑲㉑POSITION Y↕移位:控制 CH_1、CH_2 光迹在荧光屏 Y 轴方向的位置,顺时针旋转时,光迹向上,逆时针旋转,光迹向下。

⑳VERTICAL MODE 垂直方式开关:控制电子开关工作状态,可显示 CH_1、CH_2、交替、断续、相加 5 种工作方式。

CH_1:单独显示 CH_1 输入信号。

CH_2:单独显示 CH_2 输入信号。

交替:CH_2、CH_1 两个信号交替显示,一般在信号频率较高时使用,因交替重复频率高,借助示波管的余辉在屏幕上同时显示信号。

断续:CH_1、CH_2 两个信号用打点的方法同时显示,一般在较低频率时使用,可避免两个信号不能同时显示的不足。

ADD:使 CH_1 信号与 CH_2 信号相加。

㉒FOCUS 聚焦:调节聚焦可使光点圆而小,达到波形清晰。

㉓INTEN 辉度:控制荧光屏光迹的明暗程度,顺时针方向旋转为增亮,逆时针方向旋转为减弱。

㉔TRACE ROTATION 光迹旋转:使基线和水平插座线平行。

㉕$0.2Vp-p$ 1kHz 探极校准信号输出:输出 $0.2V_{p-p}$ 方波,频率 1kHz。

㉖220V/110V 电源转换开关:当输入电源电压为 220V 时,请拨至 220V;当输入电源电压为 110V 时,请拨至 110V。

㉗三线电源插座:输入 220V 或 110V 交流电源。

㉘FUSE 保险丝座:放入 1A 保险丝。

㉙外 Z 轴输入:当需要外调制时就输入信号。

二、规范使用示波器(以 CH_1 通道为例)

(1)按下电源开关②,指示灯①亮,表示电源接通。

(2)经预热大约 15～30min 后,调节辉度㉓与聚焦㉒电位器分别置于中间,使屏幕⑩中间出现一条水平线。继续调节辉度㉓与聚焦㉒,使亮度适中,聚焦最佳。

(3)如果只看到屏幕有亮光,而没有看到水平亮线,要检查以下开关或按键是否置于相应位置:

①偏转因数开关⑤、t/DIV 开关⑬置于中间挡位置。

②垂直方式开关⑳选择 CH_1 DC、⊥、AC④选择非⊥、选择 AC、触发方式选择开关⑰选择 +、INT、CH_1,水平方式选择开关⑱,选择扫描工作方式 AUTO、TIME,口诀:"能弹起的按键全部弹起"。

③反复旋转 X 位移⑯及 Y 移位㉑,最后调节辉度㉓与聚焦㉒,使亮度适中,聚焦最佳。

(4)XJ4328 操作步骤如下:

①探极自检。首先检查示波器探极,示波器探极由探针、探极帽、接地夹子、屏蔽线所组成,如图 1-28 所示,探极外表有无破损,接地线接地是否良好。

把探极末端对准输入插座③插入缺口位置,顺时针旋转,直至锁定。然后把探极帽子轻轻按下,露出探极顶部的金属探针,用手指触碰住金属探针,屏幕显示扫描线波动,如图 1-29 所示,表示探极感应到人体静电。最后测试结果探极正常,否则请检查探极内部是否松脱或者更换探极(注意探极上有"×1"与"×10"两挡,×1 是无衰减,×10 是衰减 10 倍,一般拨到×1 挡)。

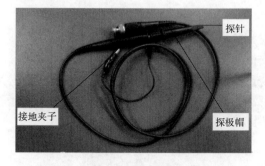

图 1-28 探极组成

图 1-29 手触探针

②将探极校准信号输出,输入到输入插座 $CH_1$③,即探极顶部的探针钩住㉕,调节偏转因数开关⑤V/DIV 至 50mV,微调⑥顺时针旋转至锁定。调节扫描时间因数开关⑬t/DIV 至 0.2ms,微调⑫顺时针旋转至锁定,如图 1-30 所示。

③最后调节 LEVEL⑭电平锁定使方波稳定,如图 1-31 所示。

④基准方波信号在 CH_1 读数:CH_2 类似。把接地⊥按键④按下,扫描信号输入端接地,出现一条水平直线,调节㉑Y 移位旋钮,使水平扫描线置于正中间 X 轴水平刻度位置以便于 Y 轴 V/DIV 读数;如果扫描线出现倾斜,如图 1-32 所示,用一字螺丝刀调节㉔至水平,如

图1-33所示;然后弹出接地⊥按键④,使水平直线恢复为方波;再调节⑯X轴旋钮,使方波周期开始边沿与中线Y轴刻度对齐,可以读数。如图1-34所示。

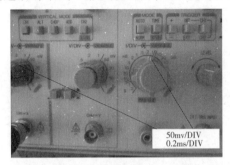

图1-30　50mV/DIV　0.2ms/DIV

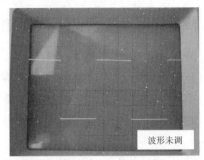

图1-31　稳定的方波

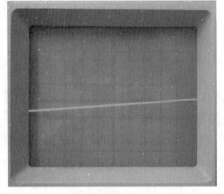

图1-32　倾斜的扫描线

图1-33　水平的扫描线

三、用示波器观察交流信号

(1)准备工具:示波器,探极,220V～6V交流输出的变压器。

(2)按照XJ4328自检步骤操作,因为是交流信号,所以④要在AC上。

(3)检查变压器标称值,外壳、初级次级绕组有无破损,尤其是接电源的初级绕组,必须用电工胶布把线头裸露处包裹好,把模拟万用表调到交流10V挡位,测量变压器输出是否符合标称值,如图1-35所示,接上交流6V输出的变压器。

图1-34　调整好的方波

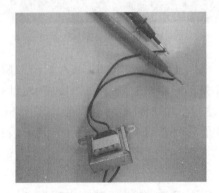

图1-35　测量变压器输出

（4）探极的探针与接地夹子分别夹住次级绕组交流6V电源的两端，如图1-36所示。

（5）调整波形直至适合读数。如图1-37所示。

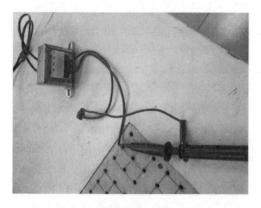

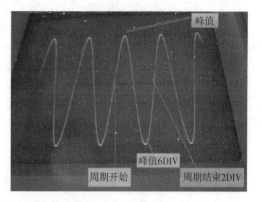

图 1-36　接上探极　　　　　　　　　图 1-37　调整波形

四、学生拓展练习

（1）准备双踪示波器一台，探极一个，低频信号发生器一台。

（2）在信号发生器上调出一个频率为300Hz、幅度为50mV的交流信号。

（3）将该交流信号输入到示波器中观察。

（4）在示波器中读数，把数据填入表1-5内。

学 生 拓 展 练 习　　　　　　　　　　　　　　　表 1-5

项　　　目	选 择 量 程	读　　　数	计 算 数 值
V/DIV			V_{P-P}
s/DIV			Hz

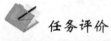 **任务评价**

项目	内　　容	配分	考 核 要 求	扣　分　标　准	得分
工作态度	1.工作的积极性。 2.安全操作规程的遵守情况。 3.纪律遵守情况和团结协作精神	30分	工作过程积极参与，遵守安全操作规程和劳动纪律，有良好的职业道德、敬业精神及团结协作精神	1.违反安全操作规程扣30分，其余不达要求酌情扣分。 2.当实操过程中他人有困难能给予热情帮助则加5～10分	
任务要求	1.各控制键作用识别。 2.测量前的准备。 3.信号校正。 4.测量信号幅值、频率	60分	1.正确识别各控制键的作用。 2.测量前调整有关控制键正确位置。 3.正确校正标准信号波形。 4.正确测量和识读信号幅值和频率	1.识别控制键的作用每错一个，扣1分。 2.测量前控制键位置错一个，扣1～3分。 3.不会正确校正标准信号波形，扣3～10分。 4.不会正确测量和识读信号幅值、频率，各扣10分	

17

续上表

项目	内　容	配分	考　核　要　求	扣　分　标　准	得分
操作结束	工作台面工具摆放整齐,电源断电	10分	1. 工作台上工具排放整齐。 2. 严格遵守安全操作规程	违反安全操作规程,酌情扣3～10分	
合计		100分			

注:各项配分扣完为止。

一、信号发生器的概念

信号发生器是指产生所需参数的电测试信号的仪器。按信号波形可分为正弦信号、函数(波形)信号、脉冲信号和随机信号发生器4大类。信号发生器又称信号源或振荡器,在生产实践和科技领域中有着广泛的应用。各种波形曲线均可以用三角函数方程式来表示。能够产生多种波形[如三角波、锯齿波、矩形波(含方波)、正弦波]的电路称为函数信号发生器。

凡是产生测试信号的仪器,统称为信号源,也称为信号发生器,它用于产生被测电路所需特定参数的电测试信号。在测试、研究或调整电子电路及设备时,为测定电路的一些电参量,如测量频率响应、噪声系数、电压表定度等,都要求提供符合所定技术条件的电信号,以模拟在实际工作中使用的待测设备的激励信号。当要求进行系统的稳态特性测量时,需使用振幅、频率已知的正弦信号源。当测试系统的瞬态特性时,又需使用前沿时间、脉冲宽度和重复周期已知的矩形脉冲源。并且要求信号源输出信号的参数,如频率、波形、输出电压或功率等,能在一定范围内进行精密调整,有很好的稳定性,有输出指示。信号源可以根据输出波形的不同,划分为正弦波信号发生器、矩形脉冲信号发生器、函数信号发生器和随机信号发生器4大类。正弦信号是使用最广泛的测试信号。这是因为产生正弦信号的方法比较简单,而且用正弦信号测量比较方便。正弦信号源又可以根据工作频率范围的不同划分为若干种。

二、信号发生器的工作原理

信号发生器用来产生频率为20Hz～200kHz的正弦信号(低频)。除具有电压输出外,有的还有功率输出,所以用途十分广泛,可用于测试或检修各种电子仪器设备中的低频放大器的频率特性、增益、通频带,也可用作高频信号发生器的外调制信号源。另外,在校准电子电压表时,它可提供交流信号电压。低频信号发生器的原理:系统包括主振级、主振输出调节电位器、电压放大器、输出衰减器、功率放大器、阻抗变换器(输出变压器)和指示电压表。主振级产生低频正弦振荡信号,经电压放大器放大,达到电压输出幅度的要求,经输出衰减器可直接输出电压,用主振输出调节电位器调节输出电压的大小。

三、信号发生器的分类介绍

1. 正弦信号发生器

正弦信号主要用于测量电路和系统的频率特性、非线性失真、增益及灵敏度等。按频率覆盖范围,分为低频信号发生器、高频信号发生器和微波信号发生器;按输出电平可调节范围和稳定度,分为简易信号发生器(即信号源)、标准信号发生器(输出功率能准确地衰减到 −100分贝毫瓦以下)和功率信号发生器(输出功率达数十毫瓦以上);按频率改变的方式,分为调谐式信号发生器、扫频式信号发生器、程控式信号发生器和频率合成式信号发生器等。

2.低频信号发生器

低频信号发生器包括音频(200 ~ 20000Hz)和视频(1Hz ~ 10MHz)范围的正弦波发生器。主振级一般用 RC 式振荡器,也可用差频振荡器。为便于测试系统的频率特性,要求输出幅频特性平和、波形失真小。

3.高频信号发生器

频率为 100kHz ~ 30MHz 的高频、30 ~ 300MHz 的甚高频信号发生器。一般采用 LC 调谐式振荡器,频率可由调谐电容器的度盘刻度读出。主要用途是测量各种接收机的技术指标。输出信号可用内部或外加的低频正弦信号调幅或调频,使输出载频电压能够衰减到 1μV 以下。此外,仪器还有防止信号泄漏的良好屏蔽。

任务三　识别和检测二极管

知识目标

1.了解二极管的单向导电性。

2.了解二极管的结构、电路符号、引脚、伏安特性。

3.了解硅稳压管、发光二极管、光电二极管、变容二极管等特殊二极管的外形特征、功能和实际应用。

技能目标

1.认识各种二极管。

2.能用万用表判别二极管的极性和质量优劣。

学习准备

准备所用仪器和元器件:1 台模拟万用表(图 1-38);1 台数字万用表(图 1-39);几只普通二极管(图 1-40);几只发光二极管(图 1-41)。

图 1-38　模拟万用表

图 1-39　数字万用表

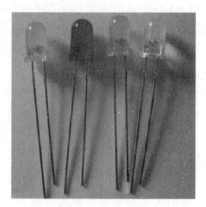

图 1-40　普通二极管　　　　　　　图 1-41　发光二极管

　任务实施

一、认识各种二极管

二极管按用途分类如表 1-6 所示。

不同用途的二极管　　　　　　　　　　　　　　　　表 1-6

种　类	外　形	符　号	用　途
整流二极管		▷⊢	多用于整流电路中,将交流电变换为直流电
开关二极管		▷⊢	多用于逻辑电路中,起开关作用
检波二极管		▷⊢	用于检波电路中
稳压二极管		▷⊢	用于电路中需要稳压的部分
发光二极管		▷⊢	用于电气设备指示灯等

种　类	外　形	符　号	用　途
光电二极管			多用于遥控接收器和工业自动控制的检测元件
变容二极管			多用于电调谐、自动频率调整、稳频电路中

二、用万用表测量各二极管的正反向电阻并判别极性

1. 用模拟万用表测试二极管的极性

（1）挡位选择。

将模拟万用表置于 R×lk（或 R×100）。

> **小提示**：小功率的二极管不能用 R×1 挡或 R×10k 挡测量：R×1 挡，因万用表内阻较小，流过二极管的电流太大，易烧坏二极管；R×10k 挡，由于电表电池的电压较高，加在二极管两端的反向电压也较高，易击穿二极管。对大功率管，则可以选 R×1 挡。

（2）调零：调节欧姆调节旋钮，使指针指到 0Ω 处。注意：每次换挡之后都要进行调零。具体操作如图 1-42 所示。

（3）模拟万用表测试二极管极性。先用红、黑表笔任意测量二极管两端子间的电阻值，然后交换表笔再测量一次，如果二极管是好的，两次测量结果必定出现一大一小，如图 1-43 所示。以阻值较小的一次测量为准，模拟万用表黑表笔所接的一端为二极管正极，红表笔所接的一端则为二极管负极。

图 1-42　调零

a)阻值大

b)阻值小

图 1-43　模拟万用表测试二极管极性

21

2. 用数字万用表测试二极管的极性

使用数字万用表测试,除了利用数字万用表的欧姆挡外,还可以直接用其二极管挡来进行测量。数字万用表的正负极性和模拟万用表正好相反,即红表笔接电源的正极,黑表笔接电源的负极。

将数字万用表置于二极管挡位,红表笔接正极,黑表笔接负极,可显示二极管的正向压降,正常应显示零点几的数字(硅材料为 0.5～0.8V,锗材料为 0.15～0.3V)。以二极管导通(有数值显示)的一次测量为准,如图 1-44a)所示,数字万用表红表笔所接的一端为二极管正极,黑表笔所接的一端则为二极管负极;红黑笔对调,若没有显示数值(就和默认未测试状态下的显示内容一样),则二极管截止,如图 1-44b)所示。

a)有数值显示　　　　　　　　　b)没有显示数值

图 1-44　数字万用表测试二极管极性

三、鉴别质量好坏

1. 挡位选择

将数字万用表万用表置二极管挡位。

2. 用数字万用表测试结果分析(表 1-7)

鉴 别 质 量 好 坏　　　　　　　　　　　　　　表 1-7

序号	测　量　现　象		结　果　分　析
1	正向电测量值为 0	反向测量值为 0	二极管击穿短路,损坏

续上表

序号	测 量 现 象	结 果 分 析
2	正向电测量值为1　　反向电测量值为1	二极管开路,损坏
3	一个测量值小于1,一个测量值为1	二极管正常
4	两个测量值小于1,很接近	失去单向导电性,损坏

四、学生拓展练习

学生拓展练习,见表1-8。

学 生 拓 展 练 习 表1-8

管 子 名 称		整流二极管	发光二极管	稳压二极管
管子外形				
R×100	正向电阻			
	反向电阻			
R×1k	正向电阻			
	反向电阻			
极性判别				
好坏判别				

任务评价

项目	内　　容	配分	考 核 要 求	扣 分 标 准	得分
工作态度	1.工作的积极性。 2.安全操作规程的遵守情况。 3.纪律遵守情况和团结协作精神	30分	工作过程积极参与,遵守安全操作规程和劳动纪律,有良好的职业道德、敬业精神及团结协作精神	1.违反安全操作规程扣30分,其余不达要求酌情扣分。 2.当实训过程中他人有困难能给予热情帮助则加5~10分	

项目	内　容	配分	考　核　要　求	扣　分　标　准	得分
任务要求	1.认识各种二极管。 2.能用万用表判别二极管的极性和质量优劣	50分	1.认识不同类别的二极管。 2.通过外壳和色环标志，会识别二极管的管脚极性。 3.能够用万能表检测二极管并判别二极管极性。 4.能够用万能表判别二极管性能的好坏	1.不能认识各类别二极管外形扣5分。 2.不能通过外壳和色环标志识别极性的扣5分。 3.万用表检测极性和好坏错误每个项目扣10分。 4.检测未完成的每个项目扣5分	
工作报告	1.工作报告内容完整。 2.工作报告卷面整洁	20分	1.工作报告内容完整，测量数据准确合理。 2.工作报告卷面整洁	1.工作任务报告内容欠完整，酌情扣分。 2.工作报告卷面欠整洁，酌情扣分	
合计		100分			

注:各项配分扣完为止。

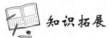

知识拓展

一、二极管的外形、结构、符号和分类

1. 外形

由密封的管体和两条正、负电极引线所组成。管体外壳的标记通常表示正极。如图1-45所示。

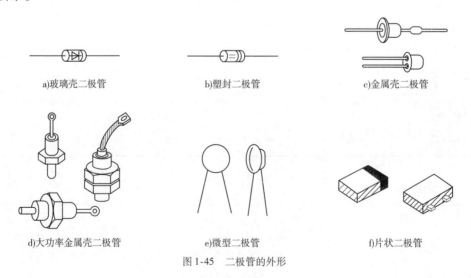

a)玻璃壳二极管　　　　　b)塑封二极管　　　　　c)金属壳二极管

d)大功率金属壳二极管　　　e)微型二极管　　　　　f)片状二极管

图1-45　二极管的外形

2. 结构

在PN结的两侧加上引线(电极)、进行封装,就成为一个二极管。其中P区一侧的电极称为正极,N区一侧的电极称为负极,如图1-46所示。

3. 二极管的符号(图 1-47)

图 1-46　半导体二极管的结构　　　　　图 1-47　二极管符号

4. 二极管的分类

二极管的类型很多,根据不同的分类标准,常见的分类见表 1-9。

二 极 管 的 分 类　　　　　表 1-9

分 类 标 准	分 类 结 果
结构材料	硅二极管、锗二极管
用途	整流、开关、检波、稳压、发光、光电、变容、各类敏感类二极管
制作工艺	点接触型、面接触型、平面型
外包装材料	玻壳、塑封、金属

二、二极管的特性

1. 二极管的单向导电性

如图 1-48 所示电路,灯亮或不亮,说明电路导通或不通。晶体二极管两端加一定的正向电压(正极电位 > 负极电位)时导通,正偏,灯亮;加反向电压(正极电位 < 负极电位)时截止,反偏,灯不亮。这一导电特性称为晶体二极管的单向导电性。

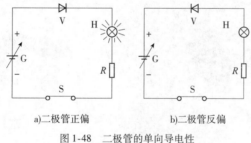

a)二极管正偏　　　　　　b)二极管反偏

图 1-48　二极管的单向导电性

2. 二极管的伏安特性

二极管是一个两端元件,通过它的电流与其两端电压之间的关系即为伏安特性。

(1)正向特性。正向特性表现为图 1-49 中的 OC 段。当正向电压较小,正向电流几乎为零。此工作区域称为死区。对应的电压为死区电压(硅管约为 $0.4 \sim 0.5V$,锗管约为 $0.2V$)。当正向电压大于死区电压后,正向电流便迅速增长,二极管正向导通。对应的正偏电压:硅管约为 $0.6 \sim 0.7V$,锗管约为 $0.3V$。

(2)反向特性。反向特性表现为图 1-49 中的 OD 段。

由于是少数载流形成反向饱和电流,所以其数

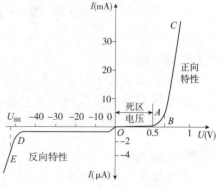

图 1-49　二极管伏安特性图

值很小,此值越小,二极管的反向截止特性越好。

反向击穿特性对应于图 1-49 中 *DE* 段,当反向电压增加到一定大小时,反向电流剧增,二极管反向击穿。对于普通二极管而言,可能会造成永久损坏,应避免出现。

三、二极管的极性判别

二极管的识别很简单,观察外壳上的标志一般可看出极性。若无法看出极性,可用模拟万用表或数字万用表检测。小功率二极管的 N 极(负极),在二极管表大多采用一种色圈标出来,有些二极管也用二极管专用符号标志为"P""N"来确定二极管极性的,发光二极管的正负极可从引脚长短来识别,长脚为正,短脚为负。具体为:

(1)从外壳上的图形符号判别极性,如图 1-50 所示。

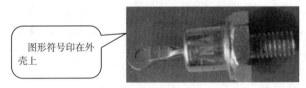

图 1-50　从外壳上的图形符号判别极性

(2)观察色环标志来判别电极,如图 1-51 所示。

注:有色环标志的一端为二极管的负极。

图 1-51　观察色环标志判别极性

任务四　制作 LED 方向指示灯

知识目标

1. 了解 LED 的单向导电性。

2. 了解 LED 的结构、电路符号及引脚。

3. 了解 LED 外形特征、功能和实际应用。

技能目标

1. 能搭接由 LED 构成的方向指示灯电路。

2. 能用万用表检测电路中的问题。

学习准备

一、准备所用仪器和元器件

准备所用仪器和元器件：1 台数字万用表（图 1-52）；电烙铁（图 1-53）；烙铁架（图1-54）；斜口钳（图 1-55）；焊锡条（图 1-56）；松香（图 1-57）；光芯线（图 1-58）；1 块万用板（图 1-59）。

图 1-52　数字万用表

图 1-53　电烙铁

图 1-54　烙铁架

图 1-55　斜口钳

图 1-56　焊锡条

图 1-57　松香

图 1-58　光芯线

图 1-59　万用板

二、元件清单

元件清单见表 1-10。

元 件 清 单　　　　　　　　　　　　　　　　表 1-10

安 装 顺 序	名　　称	规　　格	数　　量
1	LED	白色草帽	15
2	电阻	$200\Omega/1W$	1

三、电路工作原理

本制作采用15只5mm正白色超高亮度草帽LED和1只1W限流电阻组成,高亮度(相当于一盏台灯的亮度),低功耗(12V供电时仅1.6W),发光时呈现一个箭头的指示。电源电压:DC9~12V,工作电流约9V供电时60mA,10V供电时130mA,12V供电时200mA。电路由3个LED灯为一组串联,一共5组并联,再串联一个1W的200Ω电阻。电路原理图如图1-60所示,成品图如图1-61所示。

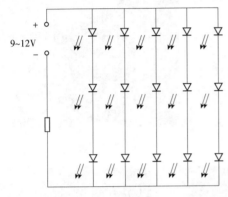

图1-60　电路原理图

图1-61　成品图

 任务实施

一、元器件识别

元器件识别见表1-11。

元 器 件 识 别　　　　　　　　　表1-11

名　称	实　物	电 路 符 号
电阻200Ω		
LED		

二、元器件检测

元器件检测见表1-12。

元器件检测　　　　　　　　　　　　　　　　　　　表 1-12

名称	测量现象	结果分析
电阻 200Ω		色环电阻：主要识读其标称阻值。用万用表检测其实际阻值
LED		高亮度 LED：识别其正负极性。用万用表检测其质量的好坏

三、按原理图进行布局焊接

（1）先按照 LED 灯的正负极摆成同一个方向插在万用板上，如图 1-62 所示。

图 1-62　LED 灯插在万用板上

（2）对 LED 灯进行焊接，用斜口钳剪掉多余部分，如图 1-63 所示。

（3）用光芯线按原理图把 15 个 LED 灯连接起来，如图 1-64 所示。

（4）引出电源正负极，互相之间不能相碰线，必须分两层连接，如图 1-65 所示。

（5）最后接上电阻，如图 1-66 所示。

（6）正面成品图，如图 1-67 所示。

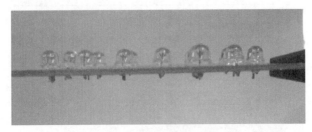

图 1-63　LED 灯焊接完成

图 1-64　用光芯线连接

图 1-65　引出电源正负极

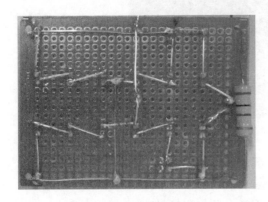

图 1-66　接上电阻

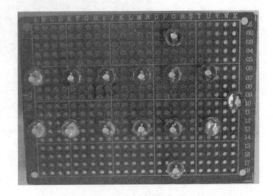

图 1-67　正面成品图

四、常见故障及排除方法

常见故障及排除方法见表 1-13。

常见故障及排除方法　　　　　　　　　　　　　　　表 1-13

故　障	分　析	排　除　方　法
有两个支路灯不亮	有可能是虚焊或者是发光二极管正负接错	断电检查,有两组灯焊点有虚焊应重新焊接

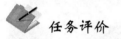

任务评价

项目	内　容	配分	考　核　要　求	扣　分　标　准	得分
工作态度	1. 工作的积极性。 2. 安全操作规程的遵守情况。 3. 纪律遵守情况和团结协作精神	30 分	工作过程积极参与,遵守安全操作规程和劳动纪律,有良好的职业道德、敬业精神及团结协作精神	1. 违反安全操作规程扣 30 分,其余不达要求酌情扣分。 2. 当实训过程中他人有困难能给予热情帮助则加 5 ~ 10 分	
任务要求	元器件插装工艺与排列	10 分	1. 元器件插装采用立式、贴紧万用板安装。 2. 元器件插装位置、极性符合电路要求	1. 元器件安装倾斜、无紧贴万用板,每处扣 1 分。 2. 插装位置、极性错误,每处扣 2 分	
	光芯线连接	10 分	1. 光芯线挺直,垂直万用板。 2. 光芯线之间要留有空隙,不可以触碰紧挨	1. 光芯线弯曲、拱起,每处扣 2 分。 2. 光芯线之间触碰紧挨每处扣 2 分	
	焊接质量	10 分	1. 按照焊接步骤,控制每次焊接的时间。 2. 焊点上引脚不能过长,焊点均匀、光滑、一致,无毛刺、无假焊等现象焊点,以圆锥形为好	1. 有搭锡、假焊、虚焊、漏焊、焊盘脱落、桥接等现象,每处扣 2 分。 2. 出现毛刺、焊料过多、焊料过少、焊接点不光滑、引线过长等现象,每处扣 2 分	
	电路测试	30 分	每条支路由 3 个 LED 灯串联,所以每一只 LED 灯的直流电压为输入电源的 1/3	1. 不会看万用板和电路图扣 5 ~ 15 分。 2. 不会使用万能表测各器件两端电压扣 5 ~ 15 分	

续上表

项目	内　容	配分	考　核　要　求	扣　分　标　准	得分
操作结束	1. 工作台面工具摆放整齐。 2. 电烙铁拔插头断电	10 分	1. 工作台面工具排放整齐。 2. 电烙铁断电	1. 违反安全操作规程,酌情扣3～10 分。 2. 电烙铁没有拔插头断电扣10 分	
合计		100 分			

注:各项配分扣完为止。

知识拓展

一、发光二极管

发光二极管还可分为:普通单色发光二极管,如图 1-68 所示;高亮度发光二极管,如图1-69所示;多色发光二极管,如图 1-70 所示。

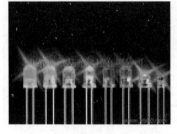

图 1-68　普通单色发光二极管

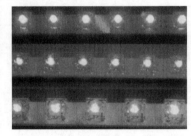

图 1-69　高亮度发光二极管

图 1-70　多色发光二极管

LED 的控制模式有恒流和恒压两种,有多种调光方式,比如模拟调光和 PWM 调光,大多数的 LED 都采用的是恒流控制,这样可以保持 LED 电流的稳定,可以延长 LED 灯具的使用寿命。

1. 普通单色发光二极管

普通单色发光二极管具有体积小、工作电压低、工作电流小、发光均匀稳定、响应速度快、寿命长等优点,可用各种直流、交流、脉冲等电源驱动点亮。它属于电流控制型半导体器件,使用时需串接合适的限流电阻。

普通单色发光二极管的发光颜色与发光的波长有关,而发光的波长又取决于制造材料。人造发光二极管一般采用半导体材料。红色发光二极管的波长一般为 650～700nm,琥珀色发光二极管的波长一般为 630～650nm,橙色发光二极管的波长一般为 610～630nm 左右,黄色发光二极管的波长一般为 585nm 左右,绿色发光二极管的波长一般为 555～570nm。常用的国产普通单色发光二极管有 BT(厂标型号)系列、FG(部标型号)系列和 2EF 系列。

常用的进口普通单色发光二极管有 SLR 系列和 SLC 系列等。

2. 高亮度单色发光二极管

高亮度单色发光二极管和超高亮度单色发光二极管使用的半导体材料与普通单色发光二极管不同,所以发光的强度也不同。

通常,高亮度单色发光二极管使用砷铝化镓等材料,超高亮度单色发光二极管使用磷铟砷化镓等材料,而普通单色发光二极管使用磷化镓或磷砷化镓等材料。

3. 变色发光二极管

变色发光二极管按颜色的多少可分为双色发光二极管、三色发光二极管和多色(有红、蓝、变色发光二极管是能变换发光颜色的发光二极管。变色发光二极管发光颜色种类可分绿、白四种颜色)发光二极管。

变色发光二极管按引脚数量可分为两端变色发光二极管、三端变色发光二极管、四端变色发光二极管和六端变色发光二极管。

常用的双色发光二极管有 2EF 系列和 TB 系列,常用的三色发光二极管有 2EF302、2EF312、2EF322 等型号。

4. 闪烁发光二极管

闪烁发光二极管(BTS)是一种由 CMOS 集成电路和发光二极管组成的特殊发光器件,可用于报警指示及欠压、超压指示。

闪烁发光二极管在使用时,无须外接其他元件,只要在其引脚两端加上适当的直流工作电压(5V)即可闪烁发光。

5. 电压控制型发光二极管

普通发光二极管属于电流控制型器件,在使用时需串接适当阻值的限流电阻。电压控制型发光二极管(BTV)是将发光二极管和限流电阻集成制作为一体,使用时可直接并接在电源两端。

二、电阻色环读数方式

固体电阻用色环标记表示电阻的参数。

(1)4 条色环的电阻(即 2 位有效数字色标)见表 1-14。

4 条色环的电阻   表 1-14

颜色	第 1 位数	第 2 位数	乘数	允许误差
黑	0	0	10^0	±1%
棕	1	1	10^1	±2%
红	2	2	10^2	—
橙	3	3	10^3	—
黄	4	4	10^4	—
绿	5	5	10^5	—
蓝	6	6	10^6	—
紫	7	7	10^7	—
灰	8	8	10^8	—

续上表

颜色	第1位数	第2位数	乘数	允许误差
白	9	9	10^9	—
金	—	—	10^{-1}	±5%
银	—	—	10^{-2}	±10%
无	—	—	—	±20%

（2）5条色环的电阻（即3位有效数字色标）见表1-15。

5条色环的电阻　　　　　　　　　　　　表1-15

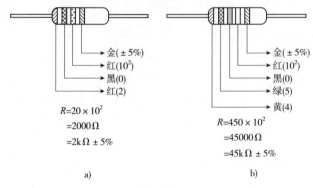

颜色	第1位数	第2位数	第3位数	乘数	允许误差
黑	0	0	0	10^0	±1%
棕	1	1	1	10^1	±2%
红	2	2	2	10^2	—
橙	3	3	3	10^3	—
黄	4	4	4	10^4	—
绿	5	5	5	10^5	—
蓝	6	6	6	10^6	—
紫	7	7	7	10^7	—
灰	8	8	8	10^8	—
白	9	9	9	10^9	—
金	—	—	—	10^{-1}	±5%
银	—	—	—	10^{-2}	±10%
无	—	—	—	—	±20%

根据表1-14、表1-15所示的标准，可知图1-71中电阻值。

图 1-71

怎样识别哪里是五环电阻的第一环,四环电阻的偏差环一般是金或银,一般不会识别错误,而五环电阻则不然,其偏差环有与第一环(有效数字环)相同的颜色,如果读反,识读结果将完全错误。那么,怎样正确识别第一环呢? 现介绍如下:

(1)偏差环距其他环较远。

(2)偏差环较宽。

(3)第一环距端部较近。

(4)有效数字环无金、银色(解释:若从某端环数起第 1、2 环有金或银色,则另一端环是第一环)。

(5)偏差环无橙、黄色(解释:若某端环是橙或黄色,则一定是第一环)。

(6)试读:一般成品电阻器的阻值不大于 22MΩ,若试读大于 22MΩ,则说明读反。

(7)试测:用上述还不能识别时可进行试测,但前提是电阻器必须完好。

应注意的是有些厂家不严格按第(1)(2)(3)条生产,以上各条应综合考虑。

复习思考题

一、填空题

1. 使用示波器时,出现的扫描线很粗,要调节_____旋钮,屏幕很暗,要调节_____旋钮。

2. 有一个交流信号在示波器屏幕上显示,峰—峰值刚好是 6 个方格,周期是 5 个方格,旋钮指示:20mV/DIV,50ms t/DIV,该信号峰—峰是_____V,频率是_____Hz。

3. 焊接元件后,需要用_____将多余的引脚剪掉。

4. 发光 LED 灯,原有的两个引脚,比较长的的引脚是_____极,短的是_____极。

5. _____材料的二极管要比_____材料的二极管导通电压要高。

6. 一般常见的二极管上都有标记:有标记的一个极是_____极,另一个是_____极。

7. _____示波器,能够在屏幕上同时显示出两个波形,以方便研究对比。

8. 当有元器件焊错的时候,我们需要把元器件进行拆焊,拆焊又称_____。

9. 电烙铁使用完之后,一般会在烙铁头上沾上一层_____,以延长其使用寿命。

二、选择题

1. 一个四环电阻阻值是 510Ω,它的四个色环分别是(　　)。

　A.绿　棕　红　金　　　　　　　　B.绿　棕　黑　金

　C.绿　棕　棕　金　　　　　　　　D.绿　棕　黑　黑

2. 一台示波器荧光屏上出现 Ⅲ ,我们应该调节(　　)旋钮。

　A. t/DIV　　　　B. v/DIV　　　　C. X ◄►位移　　　　D. Y ▲▼位移

3. 焊接小功率电子元器件,一般使用(　　)热式电烙铁。

　A.内　　　　　　B.外　　　　　　C.长　　　　　　D.短

4. 下面的焊点,焊接最好的形状是(　　)。

A. 圆形   B. 圆柱形   C. 三角形   D. 圆锥形

5. 在示波器中出现 |·| 是( )旋钮没有调节好。

A. X ◄► 位移   B. Y ↕ 位移   C. 辉度   B. 聚焦

6. 在测量 LED 指示灯电路时,每个 LED 灯两端的电压应该是电源电压的( )。

A. 3 倍   B. 1 倍   C. 1/3   D. 1/2

7. 在拉线过程中,其中( )是必不可少的一个重要工具。

A. 剥线钳   B. 吸锡器   C. 尖嘴钳   D. 斜口钳

三、判断题

1. 松香的熔点温度比焊锡的要低。   ( )

2. 使用欧姆挡测量前,数字万用表和模拟万用表都要"调零"。   ( )

3. 焊接电子元器件时,焊接时间的长短视电烙铁的温度的高低。   ( )

4. 调节电路的静态工作点,负载可以不接入电路。   ( )

5. 示波器的扫描线不水平的原因是:放置不水平。   ( )

6. 焊接电子元器件时,一般选用功率比较大的电烙铁比较好。   ( )

7. 在焊接工艺上,元件的布局应该合理,元件要相互紧贴排放。   ( )

8. 在测量二极管的时候,正向电阻值与反向电阻值都为无穷大,说明这个二极管烧断了。   ( )

9. 接入电路中的发光二极管,只要有电源就能够发光,而不需要区分正负极。   ( )

10. 欧姆挡位时:数字万用表红表笔输出的是正电,模拟万用表红表笔输出的是负电。   ( )

四、简答题

1. 焊接的 4 个步骤分别是什么?

2. 二极管具有什么特性?

3. 发光二极管要正常发光应具备哪些条件?

4. 焊接的时候怎么知道电烙铁是否过热?

5. 示波器在使用过程中应注意什么问题?

项目二 组装直流稳压电源

【项目导入】

  直流稳压电源是一种将交流电变换为直流电的电子设备,在电子电路中,一般需要稳定的直流电源供电,而电力系统供给的一般是交流电,所以直流稳压电源应用非常广泛。而对于铁路和城市轨道交通车辆专业的同学来说,组装直流稳压电源这一项目并非学习的最终目的,其中包含的整流和滤波两个知识点将会涉及后续专业课的学习和应用,所以本项目通过在实验室里制作直流稳压电源,使学生能更形象、直观地理解所学知识点,同时拓展讲解其在铁路机车及城市轨道交通车辆上的应用。

  直流稳压电源的类型很多,目前应用比较广泛的是三端集成稳压电源,其主要结构分为四个部分:电源变压器、整流电路、滤波电路和稳压电路,其原理框图如图 2-1 所示。

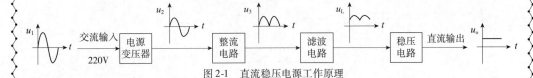

图 2-1 直流稳压电源工作原理

由图中可以看出,各部分的作用如下:

(1) 电源变压器:将给定的交流电变换为直流电源所需的交流电压值。

(2) 整流电路:将大小和方向都变化的交流电变换为大小变换而方向不变的脉动直流电。

(3) 滤波电路:将脉动直流电中的交流成分滤掉,转变为平滑的直流电。

(4) 稳压电路:使直流电源的输出电压稳定,消除由于电网电压波动、负载变化等对输出电压的影响。

  本项目共分 3 个任务:整流电路的制作与检测、整流滤波电路的制作与检测、直流稳压电源的制作与检测,3 个任务中【知识拓展】部分的内容互相补充,其他部分的内容相互独立,可作为单独的项目操作。

任务一 整流电路的制作与检测

 知识目标

1. 掌握整流电路的作用及类型。

2. 掌握各整流电路的原理及特点。

3. 了解整流电路在专业中的应用。

技能目标

1. 学会正确选择和检测整流器件。
2. 学会制作整流电路。
3. 会用示波器观察波形。

 学习准备

一、电路原理

如图 2-2 所示,此次任务采用二极管桥式整流电路,从接线座 J_1 输入 12V 单相交流电源,经由 $D_1 \sim D_4$ 组成的整流桥整流后向负载 R_1 提供脉动直流电,并由发光二极管 LED_1 进行指示。

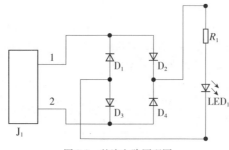

图 2-2 整流电路原理图

二、准备仪器和工具

(1)电源变压器(220V/12V):为整流电路提供 12V 的单相交流电压,如图 2-3 所示。
(2)双踪示波器:显示输入电压和输出电压的波形,如图 2-4 所示。

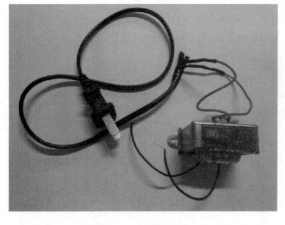

图 2-3 电源变压器

图 2-4 双踪示波器

（3）万用表：测量电阻、电压等参数或用于检测器件性能，如图2-5、图2-6所示。

（4）焊接工具，如图2-7～图2-10所示。

图2-5　模拟式万用表　　　　图2-6　数字式万用表　　　　　　图2-7　电烙铁

　　图2-8　烙铁架　　　　　　图2-9　焊锡丝　　　　　　　图2-10　松香

（5）基本常用工具，如图2-11～图2-14所示。

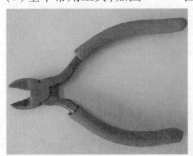

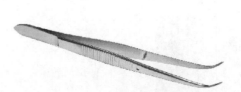

　　图2-11　斜口钳　　　　　　　　　　　　　　图2-12　镊子

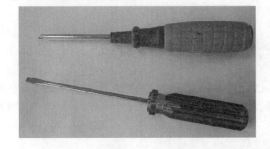 

　　图2-13　螺丝刀　　　　　　　　　　　图2-14　剥线钳

（6）PCB板，如图2-15、图2-16所示。

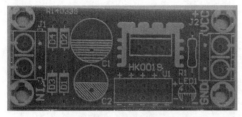

图2-15　PCB板正面

图2-16　PCB板反面

三、元器件清单

整流电路元器件见表2-1。

整流电路元器件　　　　　　　　表2-1

标　号	名　称	规　格	数　量
R_1	电阻	4.7k	1
$D_1 \sim D_4$	整流二极管	1N4007	4
LED_1	发光二极管		1
J_1	接线柱		1
	电路板	50mm×20mm	1

 *任务实施*

一、元器件识别与检测

按原理图2-17配齐元件，并检测、记录数据，方法见表2-2。

整流电路元器件识别与检测　　　　　　　表2-2

名称	外观识别	符　号	测　量　现　象	结　果　分　析
负载电阻 R_1		R		色环电阻器：先识读其标称阻值，再用万用表检测其实际阻值
整流二极管				用万用表×1k挡测二极管的正、反向电压，正向电压小，反向电压大，说明该整流二极管性能良好

40

续上表

名称	外观识别	符号	测量现象	结果分析
发光二极管				用数字万用表×1k挡测二极管的正、反向电压,正向电压小,反向电压大,另用数字万用表的"蜂鸣"挡检测二极管能正常发光,说明其性能良好

(1)根据色环读出电阻值,再用万用表测量,把数据记录于表2-3中。

负载电阻测量结果　　　　　　　　　　　　　　　表2-3

电　阻	标　称　值	测　量　值	选　用　挡　位
R_1			

(2)根据表2-2中方法检测二极管,并记录数据于表2-4中。

二极管检测结果　　　　　　　　　　　　　　　表2-4

二　极　管	正　向　电　阻	反　向　电　阻	性　能　判　别
D_1			
D_2			
D_3			
D_4			
LED_1			

二、整流电路的制作

(1)用砂纸清理元件引脚及印制板焊点处的氧化层。

(2)整理元件引脚,根据图2-17在印制板上焊接元件。元件安装顺序原则为先低后高、先轻后重、先耐热后不耐热。一般的装焊顺序依次是电阻、电容、二极管、三极管、集成电路、大功率管等,本任务焊接过程如下:

①焊接负载电阻 R_1。

②焊接整流二极管 $D_1 \sim D_4$。

③焊接发光二极管 LED_1。

整流电路焊接效果如图2-18所示。

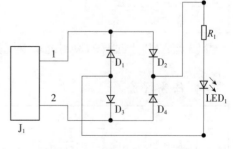

图2-17　整流电路原理图

图 2-18　整流电路连接

三、整流电路的检测

（1）检查变压器一次、二次侧线圈有无开、短路现象,确定其情况良好后通电测试其输出电压为交流 12V,将变压器二次侧输出与印制板交流输入相连接。

此步骤也可利用实验室设备调试输出单相 12V 交流电压代替。

（2）检查元件无误后通电,如图 2-19 所示。用示波器检测观察输出电压的数值及波形,如图 2-20 所示,记录结果于表 2-5。另外用万用表测量输出电压数值,与示波器读数对比,如图 2-21 所示。

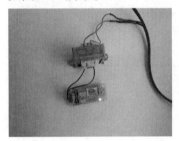

图 2-19　整流电路检测

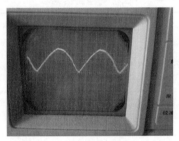

图 2-20　示波器检测输出电压

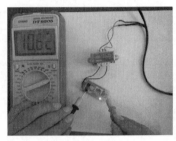

图 2-21　万用表测输出电压

整流电路检测结果　　　　　　　　　　　　　　　　　　表 2-5

检 测 电 压	电 压 大 小	波 形 图	结 果 分 析
输入电压			
输出电压			

（3）根据以上过程的检测记录,对整流电路的检测结果进行分析。

 任务评价

项目	考核内容及要求	配分	评 分 标 准	得分
安全文明生产	操作规范,注意操作过程人身、设备安全,并注意遵守劳动纪律	10 分	损坏仪器仪表该项扣完;桌面不整洁,扣 5 分;仪器仪表、工具摆放凌乱,扣 5 分	

续上表

项目	考核内容及要求	配分	评分标准	得分
元件识别和选择	元件清点检查:对所有元器件进行检测,并将不合格的元器件筛选出来进行更换,缺少的要求补发	20分	错选或检测错误,每个元器件扣2分	
电子产品装配	元器件引脚成型符合要求;元器件装配到位,装配高度、装配形式符合要求;外壳及紧固件装配到位,不松动,不压线	20分	装配不符合要求,每处扣2分	
电子产品焊接	按照装配图进行接装。要求:无虚焊、桥接、漏焊、半边焊、毛刺、焊锡过量或过少、助焊剂过量等;无焊盘翘起、脱落;无损坏元器件;无烫伤焊盘、导线、塑料件、外壳;整板焊接点清洁。插孔式元器件引脚长度2~3mm,且剪切整齐	25分	焊接不符合要求,每处扣2分	
整流电路检测	正确使用仪器仪表	5分	装配完成检查无误后,通电试验,如有故障应进行分析并排除。按要求进行相应数据的测量,若测量正确,该项计分,若测量错误,该项不计分	
	输入电压:单相交流12V	5分		
	参数测试:按照要求,测量输入电压与输出电压的波形及数值	15分		
合计		100分		

注:各项配分扣完为止。

知识拓展

一、整流电路的类型及原理

整流电路是把交流电变换为直流电的电路。逆变电路是把直流电变换为交流电的电路。

根据整流过程是否可控,整流电路可分为不可控、半控和全控三种,所用整流元件分别为二极管、晶闸管和IGBT,根据整流后的波形可分为半波整流和全波整流。下面分别介绍几种常用的整流电路及其在专业中的应用。

1.二极管组成的不可控整流电路

(1)单相半波整流电路

单相半波不可控整流电路原理,如图2-22所示。

①输出电压分析

在u_2的正半波:二极管导通,电流经a点经二极管D、负载R_L到b,$u_o = u_2$。

在 u_2 的负半波,二极管截止,负载中电流为零,$u_o=0$。

输入电压 u_2 和输出电压 u_o 的波形,如图 2-22b)所示。

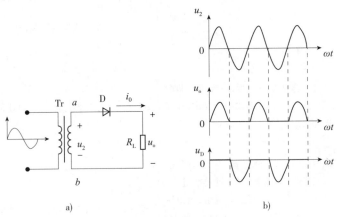

图 2-22　单相半波不可控整流电路

②主要参数

输出电压的平均值:　　　　　　$u_o=0.45u_2$

通过二极管的平均电流:　　　　$I_{VD}=I_L=0.45u_2/R_L$

二极管承受的最大反向电压:　　$u_{RM}=\sqrt{2}u_2$

③整流二极管的选择

I_{VD} 和 u_{RM} 是选择半波整流二极管的主要依据。实际选择时,应使二极管的最大整流电流和反向耐压值应分别大于上述两式的数据。

④电路特点

这种整流电路输入一个周期的正弦波,而输出的只有半个波形,故称为半波整流电路。

(2)单相桥式全波整流电路

单相桥式全波不可控整流电路原理,如图 2-23 所示。

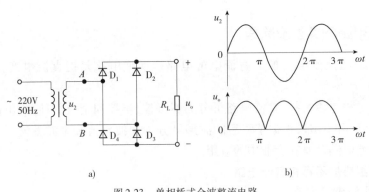

图 2-23　单相桥式全波整流电路

①输出电压分析

在 u_2 的正半波:二极管 D_1、D_3 导通,D_2、D_4 截止,电流由 A 端经 D_1、R_L、D_3 流向 B 端,此时 $u_o=u_2$。

在 u_2 的负半波：二极管 D_2、D_4 导通，D_1、D_3 截止，电流由 B 端经 D_2、R_L、D_4 流向 A 端，负载 R_L 得到的仍然是正方向的半波电压和电流，此时 $u_0 = -u_2$。

输入电压 u_2 和输出电压 u_o 的波形，如图 2-23b）所示。

②主要参数

输出电压的平均值：
$$u_o = 0.9u_2$$

通过二极管的平均电流：
$$I_{VD} = 0.5I_L = 0.45u_2/R_L$$

当 D_1、D_3 导通时，忽略其管压降，D_2、D_4 是并联的关系，所承受的反向电压的最大值是 u_2 的峰值，即
$$U_{RM} = \sqrt{2}U_2$$

③整流二极管的选择

二极管的最大整流电流和反向耐压值应分别大于上述两式的数据。

④电路特点

通过比较半波整流和全波整流两种类型，全波整流输出的直流电压和电流脉动程度要小，而且电能利用率高，所以桥式全波整流电路是应用最广泛的单相全波整流电路。

（3）三相桥式整流电路

桥式全波整流也可以用在三相交流电系统，如图 2-24a）所示。

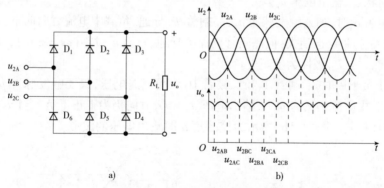

a)   b)

图 2-24 三相桥式不可控整流电路

①电路结构及二极管导通原则：D_1、D_2、D_3 组成共阴极连接的三相半波整流电路，D_4、D_5、D_6 组成共阳极连接的三相半波整流电路，负载 R_L 接在共阴极接点和共阳极接点之间。在任一瞬间，共阴极组中电位最高的二极管和共阳极组中电位最低的二极管优先导通，构成电流回路，经分析，负载电压始终为正压输出，其波形如图 2-24b）所示。

②主要参数

输出电压的平均值：
$$u_o = 2.34u_2$$

输出电流的平均值：
$$I_L = U_L/R_L$$

通过二极管的平均电流：
$$I_F = I_L/3$$

二极管承受的最大反向电压：
$$U_{RM} = \sqrt{2}\sqrt{3}u_2 = 2.45u_2$$

③整流二极管的选择

实际选择二极管时，$I_{FM} \geqslant I_F$，$U_{RM} \geqslant U_{Rm}$。

④电路特点

与单相整流电路相比,显然三相桥式整流电路的输出波形要平滑得多,脉动更小。

2. 由晶闸管组成的半控整流电路

晶闸管也具有单向导电性,其导通条件有两个:一是阳极和阴极间加正向电压(同二极管的导通条件);二是门极必须有触发信号(门极和阴极之间加正向电压,可以是脉冲信号),且晶闸管一旦导通,门极就失去作用,即触发信号只能控制其导通,而不能控制其关断,所以晶闸管是一种半控元件。晶闸管与二极管的不同之处就在于可以控制它的导通时刻。晶闸管相关知识可以查阅项目四任务一。

下面以单相桥式半控整流电路为例来介绍其工作原理,把图2-23所示的单相桥式半控整流电路中两只二极管换成两只晶闸管便组成了单相桥式半控整流电路,如图2-25a)所示,晶闸管 T_1、T_2 的阴极接在一起,组成共阴极的电路形式;二极管 D_1、D_2 组成共阳极的电路形式。

触发脉冲同时发送给 T_1、T_2 的门极,T_1、T_2 中阳极电位最高者受到触发才能导通,D_1、D_2 中阴极电位最低者,当 T_1 或 T_2 导通时即可导通,在任意时刻必须有共阴极组的一个晶闸管和共阳极组中一只二极管同时导通,才能使整流电流流通。

当 u_2 处于正半周时,晶闸管 T_1 和二极管 D_2 承受正向电压,如果未加触发电压,则晶闸管处于正向阻断状态,输出电压 $u_o = 0$。

在控制角为 α 时,加入触发脉冲 u_g,晶闸管 T_1 导通,负载中电流方向向下,在 $\omega t = \alpha \sim \pi$ 期间,尽管触发脉冲 u_g 已消失,但晶闸管仍保持导通,直至 u_2 过零($\omega t = \pi$)时,晶闸管自行关断。在此期间,$u_o = u_2$,极性为上正下负。

当 u_2 处于负半周时,晶闸管 T_2 和二极管 D_1 承受正向电压,只要触发脉冲 u_g 到来,晶闸管就导通,负载中电流仍然为向下,输出电压 $u_o = u_2$,方向仍为上正下负。当 u_2 过零时,T_2 就关断,如此循环往复。图2-25b)所示为控制角 α 时输出电压的波形。

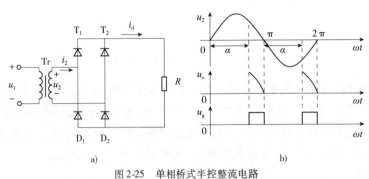

a)   b)

图2-25 单相桥式半控整流电路

改变触发脉冲的时间,就能改变整流电路输出电压 u_o 的大小:当 $\alpha = 0$ 时,输出波形与二极管组成的单相桥式半控整流电路相同,晶闸管导通时间最长,输出电压最大;α 增大,晶闸管导通时间变短,输出电压减小,当 $\alpha = \pi$ 时,$u_o = 0$。单相桥式半控整流电路的移相范围为 $0 \sim \pi$。

单相桥式半控整流电路的主要参数如下:

输出电压平均值: $u_o = 0.45u_2(1 + \cos\alpha)$

负载电流平均值：$\qquad\qquad I_{\mathrm{o}} = u_{\mathrm{o}}/R$

通过晶闸管的电流平均值：$\qquad I_{\mathrm{T}} = I_{\mathrm{o}}/2$

晶闸管承受的最大电压：$\qquad U_{\mathrm{RM}} = u_2$

二、整流电路在机车中的应用

1. 整流电路在内燃机车上的应用（铁路内燃机车或轨道交通工程车）

如图 2-26 所示，内燃机车工作过程是利用柴油机产生机械能，三相交流发电机（主发电机）把机械能转换为三相交流电能输出，再经整流滤波（滤波电路原理将在任务二中介绍）之后输出直流电，直流牵引电动机把直流电能转换为机械能，从而带动机车运行。另外，机车的运行速度与牵引电动机的速度直接相关，而改变电源电压是直流电动机主要的调速方法，所以直流牵引电动机需要得到电压值可以调节的直流电源。

图 2-26　内燃机车牵引原理框图

由于内燃机车是由车上的发电机发电的，机车调速需要调节牵引电动机的电压，可以在发电过程中实现，所以整流滤波电路通常采用的是由二极管构成的三相桥式整流滤波电路，整流原理如图 2-24 所示。

2. 整流电路在韶山系列的国产电力机车上的应用（铁路电力机车）

电力机车是利用接触网提供的 25kV 单相工频交流电工作的，其牵引原理如图 2-27 所示。

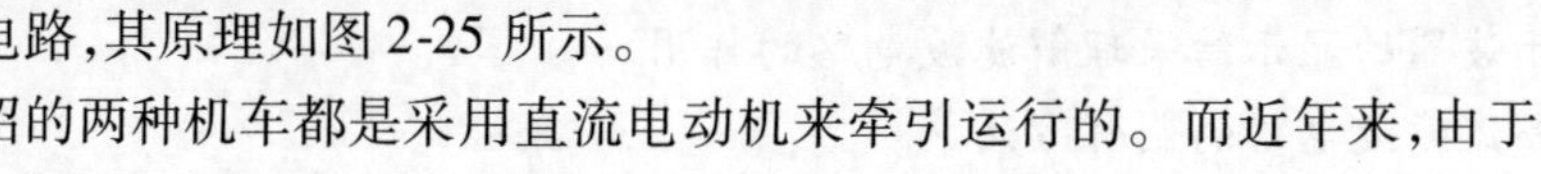

图 2-27　韶山系列电力机车牵引原理框图

由于主变压器输出固定电压值的单相交流电，要求整流滤波电路同时应具备调压功能，使牵引电动机可以随时调节机车速度，所以在电力机车上，通常采用由晶闸管构成的单相桥式可控整流电路，其原理如图 2-25 所示。

以上介绍的两种机车都是采用直流电动机来牵引运行的。而近年来，由于电力电子技术的发展，铁路电力机车和城市轨道交通车辆大部分都采用了三相异步牵引电动机来为机车提供牵引力和制动力。

3. 整流电路在交流传动电力机车上的应用

目前广泛应用的 HXD 系列电力机车牵引原理，如图 2-28 所示。

在图 2-28 中，整流器和逆变器整体称为变流装置，是把单相交流电变换为三相交流电的设备，由于三相异步电动机的调速方法主要是变压变频，所以变流装置中单纯采用二极管或晶闸管都不能满足要求，目前已经广泛采用 IGBT（一种既可控制导通，又能控制其关断的半导体器件）来实现整流和逆变，为三相异步牵引电动机提供电压和频率都可调的三相交流电源，其控制过程较为复杂，在此不做叙述，在后续专业课程中将进行详细介绍。

图 2-28　交流传动电力机车牵引原理框图

4. 整流电路在城市轨道交通车辆中的应用

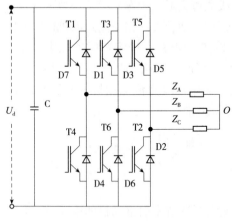

图 2-29　牵引逆变器

目前,国内的轨道交通供电类型主要是直流 1500V 和直流 750V 两种,牵引电动机一般为三相异步电动机,所以与电力机车的牵引控制相比,变换过程较少,通过由 IGBT 构成的牵引逆变器把直流电源转换为变压变频的三相交流电,控制三相异步牵引电动机运行。牵引逆变器原理如图 2-29 所示,该电路为一个由 IGBT 构成的三相桥式逆变电路,可以看作是由 IGBT 构成的可控电路与二极管构成的不可控电路的反并联,其中可控电路用来实现直流到交流的逆变,不可控电路为感性负载电流提供续流回路,完成无功能量的续流或反馈。因此与 IGBT 并联的 6 个二极管 $D_1 \sim D_6$ 称为续流二极管或反馈二极管。C 为滤波电容器,也称为支撑电容。

任务二　整流滤波电路的制作与检测

知识目标

1. 掌握整流滤波电路的作用。
2. 掌握整流滤波的常用方法。

技能目标

1. 根据示波器的显示结果理解滤波电路的作用。
2. 学会整流滤波电路的制作方法。

学习准备

一、电路原理

图 2-30 所示为整流滤波电路的原理图,整流电路的工作原理之前已经介绍过了,此处不再赘述。单相交流电压经整流后已经变换为脉动直流电,但仍含有较大的交流成分,为了得到平滑的直流电,常用电容器或电感器进行滤波,把脉动直流电中的交流成分滤掉,本次任务在整流电路的基础上经电容器 C_1 滤波后向负载 R_1 供电,并由发光二极管 LED_1 进行指示。

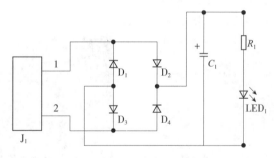

图 2-30 整流滤波电路原理图

二、准备仪器和工具

（1）电源变压器（220V/12V）：为整流电路提供 12V 的单相交流电压，如图 2-31 所示。

（2）双踪示波器：显示输入电压和输出电压的波形，如图 2-32 所示。

（3）万用表：测量电阻、电压等参数或用于检测器件性能，如图 2-33、图 2-34 所示。

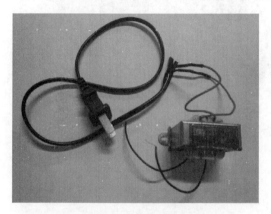

图 2-31 电源变压器

图 2-32 双踪示波器

图 2-33 模拟式万用表

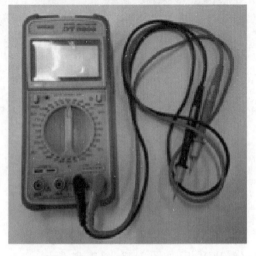

图 2-34 数字式万用表

（4）焊接工具，如图 2-35 ~ 图 2-38 所示。

（5）基本常用工具，如图 2-39 ~ 图 2-42 所示。

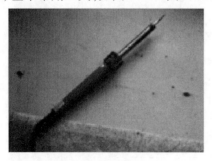

图 2-35　电烙铁

图 2-36　烙铁架

图 2-37　焊锡丝

图 2-38　松香

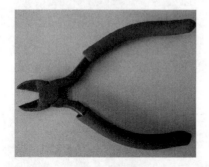

图 2-39　斜口钳

图 2-40　镊子

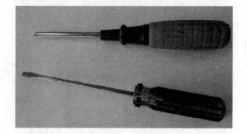

图 2-41　螺丝刀

图 2-42　剥线钳

（6）PCB 板，如图 2-43、图 2-44 所示。

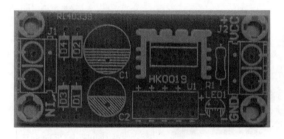

图 2-43　PCB 板正面

图 2-44　PCB 板反面

三、元件清单

整流滤波电路元器件见表 2-6。

整流滤波电路元器件　　　　　　　　　　　　　表 2-6

标　号	名　称	规　格	数　量
R_1	电阻	4.7k	1
$D_1 \sim D_4$	整流二极管	1N4007	4
LED_1	发光二极管		1
C_1	滤波电容	470μF	1
J_1	接线柱		1
	电路板	50mm×20mm	1

 任务实施

一、元器件识别与检测

按原理图 2-30 配齐元件,并检测、记录数据,方法见表 2-7 所示。

直流稳压电源元器件识别与检测　　　　　　　　　　表 2-7

名称	外观识别	符　号	测　量　现　象	结　果　分　析
负载电阻 R_1		R		色环电阻器:先识读其标称阻值,再用万用表检测其实际阻值

续上表

名称	外观识别	符号	测量现象	结果分析
整流二极管		▷⊢		用万用表×1k挡测二极管的正、反向电压,正向电压小,反向电压大,说明该整流二极管性能良好
发光二极管		▷⊢		用数字万用表×1k挡测二极管的正、反向电压,正向电压小,反向电压大,另用数字万用表的"蜂鸣"挡检测二极管能正常发光,说明其性能良好
电容器 C_1		+‖		用万用表×1k挡,黑红表笔分别接电解电容的正负极两极,指针快速大幅度向右偏转,然后慢慢向原点,返回到某一位置停止不动,说明其性能良好

(1)根据色环读出电阻值,再用万用表测量,把数据记录于表2-8中。

负载电阻测量结果   表2-8

电 阻	标 称 值	测 量 值	选 用 挡 位
R_1			

(2)根据表2-7所列方法检测二极管,并记录数据于表2-9中。

二极管检测结果   表2-9

二 极 管	正 向 电 阻	反 向 电 阻	性 能 判 别
D_1			
D_2			
D_3			
D_4			
LED_1			

（3）根据表2-7所列方法确定电容器 C_1 性能良好。

二、整流滤波电路的制作

（1）用砂纸清理元件引脚及印制板焊点处的氧化层。

（2）整理元件引脚，根据图2-30在印制板上焊接元件。元件安装顺序原则为先低后高、先轻后重、先耐热后不耐热。一般的装焊顺序依次是电阻、电容、二极管、三极管、集成电路、大功率管等，本任务焊接过程如下：

①焊接负载电阻 R_1。

②焊接整流二极管 $D_1 \sim D_4$。

③用导线连接图2-43中的集成稳压器1、3管脚处，如图2-45所示。

④焊接发光二极管 LED_1。

⑤焊接滤波电容 C_1，注意电容负极（短脚）接PCB板的阴影部分。

整流滤波电路焊接效果如图2-45所示。

图2-45　整流滤波电路焊接效果

三、整流滤波电路的检测

（1）检查变压器一次、二次侧线圈有无开、短路现象，确定其情况良好后通电测试其输出电压为交流12V，将变压器二次侧输出与印制板交流输入相连接。

此步骤也可利用实验室设备调试输出单相12V交流电压代替。

（2）检查元件无误后通电，如图2-46所示，用示波器检测观察输出电压的数值及波形，如图2-47所示，记录结果列于表2-10。另外用万用表测量输出电压数值，与示波器读数对比，如图2-48所示，测量时注意正负极性的连接。

图2-46　整流滤波电路的检测

图 2-47　示波器检测输出电压　　　　　　图 2-48　万用表测输出电压

整流滤波电路检测结果　　　　　　　　　　　　表 2-10

检 测 电 压	电 压 大 小	波 形 图	结 果 分 析
输入电压			
输出电压			

（3）根据以上过程的检测记录,对整流滤波电路的检测结果进行分析。

 任务评价

项目	考核内容及要求	配分	评 分 标 准	得分
安全文明生产	操作规范,注意操作过程人身、设备安全,并注意遵守劳动纪律	10 分	损坏仪器仪表则该项配分扣完;桌面不整洁扣 5 分;仪器仪表、工具摆放凌乱扣 5 分	
元件识别和检测	元件清点检查:对所有元器件进行检测,并将不合格的元器件筛选出来进行更换,缺少的要求补发	20 分	错选或检测错误,每个元器件扣 2 分	
电子产品装配	元器件引脚成型符合要求;元器件装配到位,装配高度、装配形式符合要求;外壳及紧固件装配到位,不松动,不压线	20 分	装配不符合要求,每处扣 2 分	
电子产品焊接	按照装配图进行接装。要求:无虚焊、桥接、漏焊、半边焊、毛刺、焊锡过量或过少、助焊剂过量等;无焊盘翘起、脱落;无损坏元器件;无烫伤焊盘、导线、塑料件、外壳;整板焊接点清洁。插孔式元器件引脚长度 2～3mm,且剪切整齐	25 分	焊接不符合要求,每处扣 2 分	

项目	考核内容及要求	配分	评 分 标 准	得分
整流滤波电路的检测	正确使用仪器仪表	5分	装配完成检查无误后,通电试验,如有故障应进行分析并排除。按要求进行相应数据的测量,若测量正确,该项计分,若测量错误,该项不计分	
	输入电压:单相交流12V	5分		
	参数测试:按照要求,测量输入电压与输出电压的波形及数值	15分		
合计		100分		

注:各项配分扣完为止。

知识拓展

一、电容器的基本知识

1. 电容器

电容器是用来储存电荷的容器,在电路中应用非常广泛,如在电力系统中,利用电容器来改善系统的功率因数,在电子线路中,利用电容器来实现调谐、滤波、耦合、移相、隔直及选频等作用。

任何两块相互绝缘而又互相靠近的金属导体,都可以组成一个简单的电容器,其中两金属导体称为极板,上面各有一个与外电路连接的电极,两极板之间的绝缘材料称为介质。

电容器的符号如图2-49所示。

反映电容器储存电荷能力强弱的物理量称为电容量,简称电容,用字母 C 来表示,在国际单位制中,电容的单位为法,符号为F。电容在数值上等于在单位电压的作用下,极板上所储存的电荷量,用公式表示为:

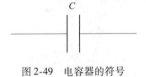

图2-49　电容器的符号

$$C = Q/U$$

式中:Q——一个极板上的电量,单位为C(库);

$\quad\ U$——两极板间的电压,单位为V(伏);

$\quad\ C$——电容器的电容量,单位为F(法)。

如果电容器的容量为常数,与端电压的大小无关,这样的电容称为线性电容。线性电容的容量只与电容器的尺寸、形状以及介质有关,电容器电容的大小与电容器的极板面积、两极间的距离、中间绝缘材料的性质有关,而与外界电压无关。

2. 充电和放电是电容器的基本功能

（1）充电

使电容器带电(储存电荷和电能)的过程称为充电。这时电容器的两个极板总是一个极板带正电,另一个极板带等量的负电。把电容器的一个极板接电源,另一个极板接电源的负极,两个极板就分别带上了等量的异种电荷。充电后电容器的两极板之间就有了电场,充电过程把从电源获得的电能储存在电容器中。

（2）放电

使充电后的电容器失去电荷（释放电荷和电能）的过程称为放电。例如，用一根导线把电容器的两极接通，两极上的电荷互相中和，电容器就会放出电荷和电能。放电后电容器的两极板之间的电场消失，电能转化为其他形式的能。

（3）特性

主要有通交流、隔直流，通高频、阻低频。

二、电容滤波电路

1. 滤波原理

如图 2-50a）所示，由于电容具有"隔直通交"的作用，对于整流后的脉动直流电中的直流成分，电容相当于开路，因此直流分量都加在负载两端，而脉动直流电中的交流成分，大部分经过电容旁路，因此负载中的交流成分很小，负载电压变得更加平滑。

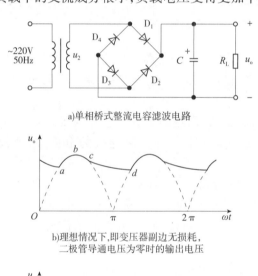

a)单相桥式整流电容滤波电路

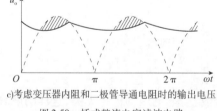

b)理想情况下，即变压器副边无损耗，
二极管导通电压为零时的输出电压

c)考虑变压器内阻和二极管导通电阻时的输出电压

图 2-50　桥式整流电容滤波电路

2. 注意事项

用电容滤波时应注意电容的正极接高电位，负极接低电位，否则容易击穿而爆裂。电容器的耐压值应大于它实际工作时所能承受的最大电压。

3. 电路特点

（1）接入滤波电容后，二极管的导通时间变短了，工作电流较大，特别是在接通电源瞬间会产生很大的浪涌电流。一般浪涌电流是正常工作电流的 5 ~ 7 倍。为了保证二极管的安全，选二极管参数时，正向平均电流的参数应留有足够的裕量。

（2）经电容滤波后，输出波形变得平滑，输出电压的平均值升高。

（3）电容放电时间常数 $\tau = R_{\mathrm{L}}C$ 越大，输出电压 U_{L} 越高，滤波效果也越好；反之，则输出电压低且滤波效果差。如图 2-51 所示。

（4）电容滤波电路适用于负载电流较小的场合。

（5）负载电压 $U_{\mathrm{L}} = 1.2U_2$。

三、电感器

电感器是忽略了电阻的实际电感线圈的理想化模型，简称电感。实际电感线圈是用导线绕制的，总有一定的电阻。常用的有电力变压器的线圈、日光灯镇流器的线圈等，它们都绕制在铁芯上，称为铁芯电感线圈，绕在非磁性材料上的线圈称为空心电感线圈。其符合如图 2-52 所示。

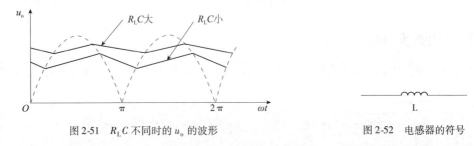

图 2-51　$R_{\mathrm{L}}C$ 不同时的 u_{o} 的波形　　　　　图 2-52　电感器的符号

根据电磁感应定律，通电以后的电感线圈当电流发生变化时，将产生感应电动势阻碍电流的变化，这种对电流的阻碍作用称为电感线圈的感抗。而且电流变化的频率越高，电感器的阻碍阻碍能力越强，电流频率越低，电感器的阻碍能力越弱，对直流电来说，由于电流不变，电感器相当于短路，因此，电感线圈具有"通直流、阻交流"或"通低频，阻高频"的特性。

电感器的用途很广，如发电机、电动机、变压器、电抗器和继电器等电气设备，其中的绕组就是各种各样的电感线圈，而且根据电感器"通直阻交"的特性，还经常用来滤波，减少脉动直流电中的交流成分。

四、电感滤波电路

当一些电气设备需要脉动小、输出电流大的直流电源时，若采用电容滤波电路，则电容容量必然很大，二极管的冲击电流也很大，这就使得二极管和电容器的选择很困难，此时往往采用电感滤波电路，如采用直流传动的内燃机车和电力机车在把交流电压整流后一般会采用平波电抗器（电感元件）来滤波，从而使直流牵引电动机得到平滑的直流电。

1. 滤波原理

如图 2-53a)所示，由于电感具有"通直阻交"的特性，通过电感的电流不能突变，电感与负载串联，流过负载的电流不能突变，所以输出电流的波形平滑，输出电压的波形也平滑，图 2-53b)所示为电感滤波后的工作波形。

2. 电路特点

（1）电感滤波电路，对整流二极管没有电流冲击。

（2）一般来说，L 越大，R_L 越小，滤波效果越好，所以电感滤波电路适用于负载电流较大的场合。

（3）负载电压 $U_L = 0.9U_2$。

（4）为了增大 L 的值，一般电感多用带铁芯的线圈，体积大、较笨重、成本高输出电压低。

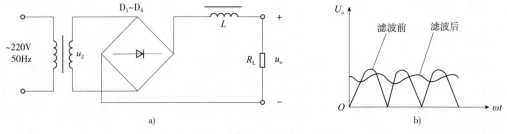

图 2-53　带电感滤波的单相桥式整流电路

五、其他滤波电路

除了电容滤波电路、电感滤波电路之外，还有图 2-54 所示几种复式滤波电路，其原理就不再一一赘述。

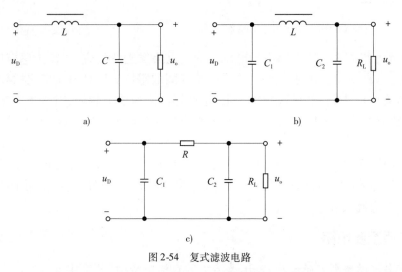

图 2-54　复式滤波电路

任务三　直流稳压电源的制作与检测

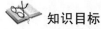　**知识目标**

1. 掌握直流稳压电源的作用和组成。

2. 了解三端集成稳压器的应用。

　技能目标

1. 理解直流稳压电源的构成及相互关系。

2.掌握二极管、电容器和三端集成稳压器的连接方法。

3.熟练掌握万用表、示波器等常用测量工具。

4.学会基本的焊接方法。

 学习准备

一、电路原理

图 2-55 所示包括整流滤波电路和稳压电路两部分,交流电经过 $D_1 \sim D_4$ 组成桥式整流电路转化为脉动直流电,再经过 C_1 滤波电容,转化为非稳定的直流电供给由三端稳压器 U_1 组成的稳压电路,最后经过 C_2 滤波电容输出。由 7805 稳压器组成的稳压电源,从 J_1 输入 8V 以上交流电,则 J_2 端可输出稳定的 5V 直流电;7812 稳压器组成的稳压电源,从 J_1 端输入 15V 以上的交流电,则 J_2 端即可输出稳定的 12V 直流电。本次任务采用 7805 型三端集成稳压器,输入电压 12V,输出电压应为 5V 左右。

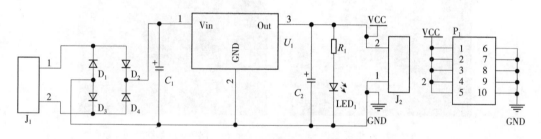

图 2-55　直流稳压电源原理图

二、准备仪器和工具

(1)电源变压器(220V/12V):为整流电路提供 12V 的单相交流电压,如图 2-56 所示。

(2)双踪示波器:显示输入电压和输出电压的波形,如图 2-57 所示。

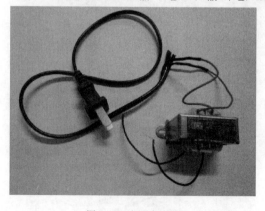

图 2-56　电源变压器

图 2-57　双踪示波器

(3)万用表:测量电阻、电压等参数或用于检测器件性能,如图 2-58、图 2-59 所示。

（4）焊接工具，如图 2-60 ~ 图 2-63 所示。

（5）基本常用工具，如图 2-64 ~ 图 2-67 所示。

图 2-58　模拟式万用表

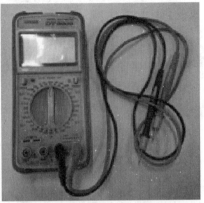

图 2-59　数字式万用表

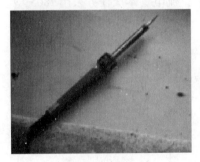

图 2-60　电烙铁

图 2-61　烙铁架

图 2-62　焊锡丝

图 2-63　松香

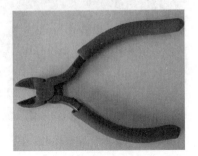

图 2-64　斜口钳

图 2-65　镊子

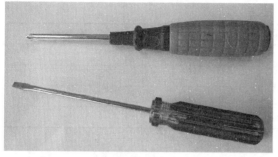

图 2-66　螺丝刀

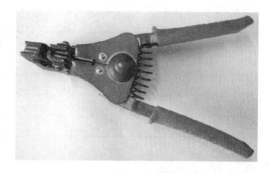

图 2-67　剥线钳

（6）PCB 板，如图 2-68、图 2-69 所示。

（7）直流稳压电源套件，如图 2-70 所示。

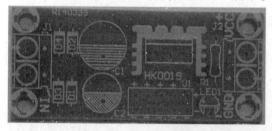

图 2-68　PCB 板正面

图 2-69　PCB 板反面

图 2-70　直流稳压电源套件

三、元件清单

直流稳压电源制作元器件见表 2-11。

直流稳压电源制作元器件明细表

表 2-11

标　号	名　　　称	规　　格	数　　量
R_1	电阻	4.7k	1
C_1	电解电容	470μF	1
C_2	电解电容	100μF	1
$D_1 \sim D_4$	整流二极管	1N4007	4
LED_1	发光二极管		1

61

续上表

标　号	名　称	规　格	数　量
U_1	三端稳压块	7805	1
P_1	插针	10P	1
J_1、J_2	接线柱		2
	电路板	50mm×20mm	1

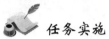 **任务实施**

一、元器件识别与检测

直流稳压电源元器件识别与检测见表2-12。

直流稳压电源元器件识别与检测　　　　表2-12

名称	外观识别	符　号	测　量　现　象	结果分析
负载电阻 R_1		R		色环电阻器：先识读其标称阻值，再用万用表检测其实际阻值
整流二极管				用万用表×1k挡测二极管的正、反向电压，正向电压小，反向电压大，说明该整流二极管性能良好
发光二极管				用数字万用表×1k挡测二极管的正、反向电压，正向电压小，反向电压大，另用数字万用表的"蜂鸣"挡检测二极管能正常发光，说明其性能良好

续上表

名　称	外观识别	符　号	测　量　现　象	结果分析
电容器 C_1 和 C_2		$+$ ⊣⊢		用万用表 ×1k 挡,黑红表笔分别接电解电容的正负极两级,指针快速大幅度向右偏转,然后慢慢向原点返回到某一位置停止不动,说明其性能良好
三端集成稳压器		1 Vin Out 3 / 2 GND		在稳压器管脚1和管脚2间输入比标称值大3V左右的直流电压,用万用表检测管脚3和管脚2之间的输出电压若为稳压器的标称值,则表示其性能良好(如7805稳压器应输出5V,7812稳压器应输出12V)

(1)根据色环读出电阻值,再用万用表测量,把数据记录于表2-13中。

负载电阻测量结果　　　　　　　　　　　　　　　　　　表2-13

电　阻	标　称　值	测　量　值	选　用　挡　位
R_1			

(2)根据表2-12所列中方法检测二极管,并记录数据于表2-14中。

二极管检测结果　　　　　　　　　　　　　　　　　　表2-14

二　极　管	正　向　电　阻	反　向　电　阻	性　能　判　别
D_1			
D_2			
D_3			
D_4			
LED_1			

（3）根据表 2-12 所示方法确定电容器 C_1、C_2 性能良好。

（4）根据表 2-12 所示方法检测三端集成稳压器，确定其性能良好，输出电压为 5V。

二、直流稳压电源的制作

（1）用砂纸清理元件引脚及印制板焊点处的氧化层。

（2）整理元件引脚，根据图 2-71 在印制板上焊接元件。元件安装顺序原则为先低后高、先轻后重、先耐热后不耐热。一般的装焊顺序依次是电阻、电容、二极管、三极管、集成电路、大功率管等，本任务焊接过程如下：

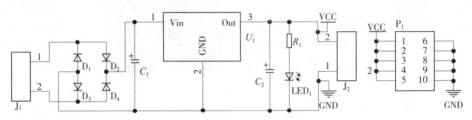

图 2-71　直流稳压电源原理图

图 2-72　直流稳压电源连接图

① 焊接负载电阻 R_1。

② 焊接整流二极管 $D_1 \sim D_4$。

③ 焊接发光二极管 LED_1。

④ 焊接滤波电容 C_1、C_2，注意电容负极（短脚）接 PCB 板的阴影部分。

⑤ 焊接三端集成稳压器，注意其引脚 1 接输入端，2 接电源负端，3 接输出端。

直流稳压电源焊接效果如图 2-72 所示。

三、直流稳压电源的检测

（1）检查变压器一次、二次侧线圈有无开、短路现象，确定其情况良好后通电测试其输出电压为交流 12V，将变压器二次侧输出与印制板交流输入相连接。

此步骤也可利用实验室设备调试输出单相 12V 交流电压代替。

（2）检查元件无误后通电，如图 2-73 所示，用示波器检测观察输出电压的数值及波形，如图 2-74 所示，记录结果于表 2-15，另外用万用表测量输出电压数值，与示波器读数对比，如图 2-75 所示，测量时注意正负极性的连接。

图 2-73　整流滤波电路的检测

图 2-74　示波器检测输出电压

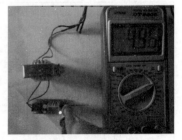

图 2-75　万用表测输出电压

直流稳压电源的检测结果　　　　　表 2-15

检 测 电 压	电 压 大 小	波 形 图	结 果 分 析
输入电压			
输出电压			

（3）根据以上过程的检测记录,对直流稳压电源的检测结果进行分析。

 **任务评价**

项目	考核内容及要求	配分	评 分 标 准	得分
安全文明生产	操作规范,注意操作过程人身、设备安全,并注意遵守劳动纪律	10 分	损坏仪器仪表该项扣完;桌面不整洁扣 5 分;仪器仪表、工具摆放凌乱扣 5 分	
元件识别与检测	元件清点检查:对所有元器件进行检测,并将不合格的元器件筛选出来进行更换,缺少的要求补发	20 分	错选或检测错误,每个元器件扣 2 分	
电子产品装配	元器件引脚成型符合要求;元器件装配到位,装配高度、装配形式符合要求;外壳及紧固件装配到位,不松动,不压线	20 分	装配不符合要求,每处扣 2 分	
电子产品焊接	按照装配图进行接装。要求:无虚焊、桥接、漏焊、半边焊、毛刺、焊锡过量或过少、助焊剂过量等;无焊盘翘起、脱落;无损坏元器件;无烫伤焊盘、导线、塑料件、外壳;整板焊接点清洁。插孔式元器件引脚长度 2~3mm,且剪切整齐	25 分	焊接不符合要求,每处扣 2 分	
直流稳压电源的检测	正确使用仪器仪表	5 分	装配完成检查无误后,通电试验,如有故障应进行分析并排除。按要求进行相应数据的测量,若测量正确,该项计分,若测量错误,该项不计分	
	输入电压:单相交流 12 V	5 分		
	参数测试:按照要求,测量输入电压与输出电压的波形及数值	15 分		
合计		100 分		

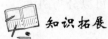 **知识拓展**

一、稳压二极管及其构成的稳压电路

1. 电路组成

如图 2-76 所示,稳压二极管反向并联在负载 R_L 两端,所以又称为并联稳压电路。

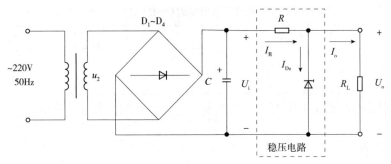

图 2-76　稳压二极管组成的稳压电路

2. 稳压原理

当负载电阻不变而电网电压升高或电网电压不变而负载电阻减小时,稳压过程如下:

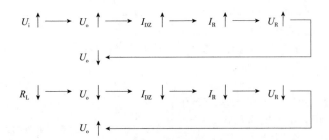

反之亦然。

综上所述,利用稳压二极管电流的变化,引起限流电阻 R 两端电压的变化,从而达到稳压的目的。电阻 R 不但起限流作用,还起调压作用。

并联稳压电路结构简单,设计制作容易,但输出电压受到稳压管自身参数的限制,因此适用于输出电压固定且负载电流变化范围不大的场合。当负载电流较大且要求稳压性能较好时,可采用串联稳压电路,其结构相对复杂,而且随着半导体集成电路工艺的迅速发展,现在常把串联稳压电路中的取样、基准、比较放大、调整及保护环节等集成于一个半导体芯片上,构成集成稳压器。

二、集成稳压器

集成稳压器具有体积小、质量轻、使用方便可靠性高等优点,因此得到了广泛应用,下面主要介绍三端集成稳压器。

三端集成稳压器已经标准化、系列化了,按照他们的性能和用途不同,可以分为两大类:一类是固定输出的三端集成稳压器;另一类是可调输出三端集成稳压器。

1. 固定输出的三端集成稳压器

如图 2-77 所示,三端集成稳压器有输入端、输出端和公共端三个引出端,常用的 CW78××系列是正压输出,CW79××系列是负压输出,其中后面的××是两位数字表示该电路输出电压值,比如 CW7805 表示输出电压为 5 V,CW7912 输出电压为 −12 V。

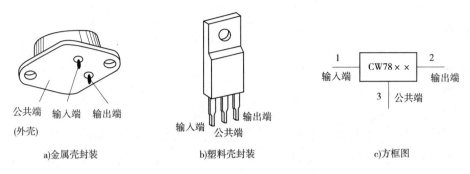

a)金属壳封装 b)塑料壳封装 c)方框图

图 2-77 CW117××系列三端集成稳压器外形和方框图

2. 可调输出三端集成稳压器

图 2-78 所示为可调输出的三端集成稳压器,其可调电压也有正负之分,常用的 CW117/CW217/CW317 是正压输出,CW137/CW237/CW337 是负压输出,其输出电压分别为 ±(1.2～37)V,连续可调。外形虽与 CW78×× 和 CW79×× 系列相似,但管脚排列及功能均不同。

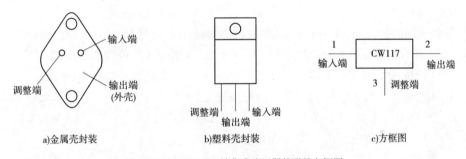

a)金属壳封装 b)塑料壳封装 c)方框图

图 2-78 CW117 型三端集成稳压器外形及方框图

3. 三端集成稳压器的应用电路

图 2-79 所示为固定式集成稳压器的基本应用电路,电路中的电容 C_i 用于减小输入电压的脉动和防止过电压,C_o 用于削弱电路的高频干扰,并具有消振作用。使用稳压器时应注意其三个管脚的连接,CW78×× 系列的管脚 1 为输入端,2 为公共端,3 为输出端;CW79×× 系列的管脚 1 为公共端,2 为输入端,3 为输出端。

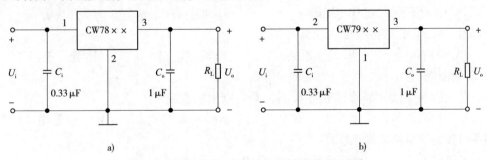

a) b)

图 2-79 固定输出的三端集成稳压器的基本应用电路

复习思考题

一、填空题

1. 整流电路的作用是( )。
   A. 把直流电变为交流电 B. 把交流电变为直流电
   C. 把高频电压变为低频电压 D. 把正弦波变为方波

2. 7805 型三端集成稳压器输出电压为( )。
   A. 5V B. −5V C. 7V D. −7V

3. 下面( )电子器件组成的整流电路是不可控的。
   A. IGBT B. 三极管 C. 晶闸管 D. 二极管

4. 由二极管构成的单相桥式不可控整流电路输出电压是输入电压的( )倍。
   A. 1.2 B. 0.9 C. 1.4 D. 0.45

5. 电容器的电容量与下列( )因素无关。
   A. 极板面积 B. 极板距离
   C. 绝缘介质 D. 电容器两端的电压

6. 电源相同的情况下,下列( )整流电路的输出电压更高。
   A. 单相半波不可控整流电路 B. 单相桥式不可控整流电路
   C. 单相桥式可控整流电路 D. 单相半波可控整流电路

7. 下面能输出可调正电压的三端集成稳压器是( )。
   A. CW7806 B. CW137 C. CW7812 D. CW317

8. 下面输出固定负电压的三端集成稳压器是( )。
   A. CW7906 B. CW117 C. CW7806 D. CW7805

9. 下面( )元件没有滤波作用。
   A. 电感元件 B. 电容元件 C. 电阻元件 D. 电阻与电感串联

10. 电容器的特性是( )。
    A. 通直流、阻交流 B. 通直流、通交流
    C. 通交流、隔直流 D. 阻交流、隔直流

11. 下列( )不属于三端可调集成稳压器的接线端。
    A. 输入端 B. 输出端 C. 调整端 D. 公共端

12. ( )能把直流电变为交流电。
    A. 整流电路 B. 逆变电路 C. 滤波电路 D. 稳压电路

二、判断题

1. 晶闸管与二极管都具有单向导电性,都可以用来整流。 ( )

2. 输入相同的单相交流电压,晶闸管组成单相桥式可控整流电路比二极管组成的单相桥式不可控整流电路输出电压高。 ( )

3. 电容滤波适用于负载电流较小的电路中。 ( )

4. 三端集成稳压器有三个接线端,分别是输入端、输出端和公共端。 ( )

5. 直流稳压电源的输出电压会根据负载电流的不同而有所变化。　　　　　（　　）

6. 脉动直流电经滤波后输出电压的平均值会升高。　　　　　　　　　　　（　　）

7. 电容器是通过不断充放电来达到滤波作用的。　　　　　　　　　　　　（　　）

8. CW317 型三端集成稳压器的输出电压为 17V。　　　　　　　　　　　（　　）

9. 根据电磁感应定律,电感线圈有通直流、阻交流的特性。　　　　　　　（　　）

10. 用万用表测直流稳压电源输出电压时,应该使黑表笔接电源正极,红表笔接电源负极。　　　　　　　　　　　　　　　　　　　　　　　　　　　　　　　（　　）

三、简答题

1. 直流稳压电源一般由哪些部分组成？各有什么作用？

2. 整流电路有哪些类型？

3. 如何检测三端集成稳压器的性能是否良好？

4. 试画出单相桥式不可控整流电路的原理图,并叙述其整流过程。

5. 直流稳压电源在把交流电变为直流电的过程中,电压的大小发生了怎样的变化？

项目三　放大电路的安装与调试

【项目导入】

　　放大电路又称放大器，它的主要任务是把微弱的电信号加以放大，然后送到负载（如仪表、扬声器、显像管、继电器），以完成特定的功能。三极管是电子电路中最基本的放大元件。目前，放大器在通信、控制、测量、仪器等领域以及日常生活中应用极为广泛。图3-1所示放大器在日常生活中的应用。

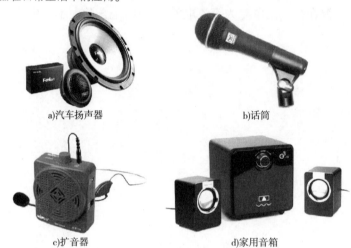

a)汽车扬声器　　　　　　　　　　　b)话筒

c)扩音器　　　　　　　　d)家用音箱

图 3-1　放大器在日常生活中的应用

任务一　识别和检测三极管

 知识目标

1. 了解三极管的放大特性和开关特性。

2. 了解三极管的结构、电路符号、引脚、放大特性。

3. 了解小、中、大功率三极管的外形特征。

技能目标

1. 用数字万用表检测三极管类型、BCE 极判别和放大倍数。

2. 用数字万用表检测三极管鉴别质量好坏。

学习准备

准备所用仪器和元器件:1 台数字万用表,如图 3-2 所示;1 只 9012 三极管,如图 3-3 所示;1 只 9013 三极管,如图 3-4 所示。

图 3-2　数字万用表

图 3-3　9012 三极管

图 3-4　9013 三极管

任务实施

一、认识各种三极管

(1)按功率分类,可分为 3 种不同功率的三极管。见表 3-1。

不同功率的三极管　　　　　　　　　　　　　　　表 3-1

种　类	外　　形	符　号	用　途
大功率三极管		B─○C ○E 2N3773	多用于音频功放功率达到 50W
中功率三极管		B─○C ○E S8050	高频放大功率 1W
小功率三极管		B─○C ○E S9013	低频放大功率约 0.5W

71

（2）按类型分类，可分为 NPN 与 PNP 两种类型的三极管。见表 3-2。

NPN 与 PNP 两种类型的三极管　　　　　　　　　　　　　表 3-2

类型	外　形	符　号	用　途
PNP			按电路要求使用
NPN			按电路要求使用

二、用数字万用表检测三极管类型、管脚极性和放大倍数

用数字万用表检测三极管类型、管脚极性和放大倍数，见表 3-3。

检测三极管类型、管脚极性和放大倍数　　　　　　　　　表 3-3

测量目的	测　量　现　象		检　测　方　法
	NPN 型 9013	PNP 型 9012	
判断三极管 B 极并判断型号（NPN 或 PNP）	同小	同大	（1）万用表置于蜂鸣挡。（2）先用红表笔接某一引脚，黑表笔接另外两个引脚，测得两个电阻值；再将红黑表笔交换，黑表笔接这一引脚，红表笔接另两个引脚，重复以上步骤，直至测得两个电阻值（大小基本相等）都很小或都很大（简称：同小同大），这时红表笔所接的是 B 极。

续上表

测量目的	测量现象		检测方法
	NPN 型 9013	PNP 型 9012	
判断三极管 B 极并判断型号（NPN或 PNP）		651	（3）若测得的两个电阻值基本相等且都很小，则为 NPN 型管；若测得的两个电阻值基本相等且都很大，则为 PNP 型管 （简称：同大同小）
		652	
	同大	同小	
分析结果	中间是 B 极 是 NPN 型管	中间是 B 极 是 PNP 型管	
判断 C、E 极	010	039	（1）万用表置于 hfe 挡。 （2）插入对应的 PNP、NPN 晶体管测试座插孔。 B 极不变，再判断 C、E 极，显示读数较大的时候，对应的就是 C、E 极。 读数较大的数值就是三极管的放大倍数 β
	108	266	
分析结果	从左到右 E B C		从左到右 E B C
放大倍数	108 β		266 β

三、鉴别质量好坏

如果三极管在判断 B 极并判断型号(NPN 还是 PNP)的时候,测量的数值都在同一个数量级别或者非常接近,就是不"同大同小",说明三极管性质比较差。

如果在测量中,两管脚之间没有"同大同小",都是"同大",比如都出现"1",表明三极管管脚之间内部已经烧断;都是"同小",比如都出现"0"阻值,表明三极管管脚之间内部已经击穿短路。

四、学生拓展练习

请学生根据上面任务实施内容完成表 3-4 练习。

学 生 拓 展 练 习   表 3-4

	管子型号	3AX55	8050	2N3773
	管子外形			
挡位量程	正向电阻			
	反向电阻			
	管型			
	引脚排列			
	放大倍数			

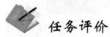
任务评价

项目	内 容	配分	考 核 要 求	扣 分 标 准	得分
工作态度	1. 工作的积极性。 2. 安全操作规程的遵守情况。 3. 纪律遵守情况和团结协作精神	30 分	工作过程积极参与,遵守安全操作规程和劳动纪律,有良好的职业道德、敬业精神及团结协作精神	1. 违反安全操作规程扣 30 分,其余不达要求酌情扣分。 2. 当实训过程中他人有困难能给予热情帮助则加 5 ~ 10 分	
任务要求	1. 能用万用表判别三极管的类型。 2. 找出 B、C、E 极,并判别三极管的好坏。 3. 读出放大倍数	50 分	1. 能够用万用表检测三极管的类型和找出 B、C、E 极。 2. 能够用万用表判别三极管性能的好坏。 3. 读出放大倍数	1. 不能用万用表检测三极管的类型扣 5 分。 2. 不能找出 B、C、E 极扣 5 分。 3. 用万用表检测三极管性能的好坏错误每个扣 10 分。 4. 不会读出放大倍数扣 5 分	

续上表

项目	内　容	配分	考　核　要　求	扣　分　标　准	得分
工作报告	整理工作台面,万用表关机	20 分	1. 元件按同方向摆放好。 2. 万用表关电源	1. 元件没有摆放整齐,酌情扣分。 2. 万用表没有关电源扣 10 分	
合计		100 分			

注:各项配分扣完为止。

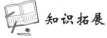

知识拓展

一、三极管符号、实物图、结构和分类

1.三极管符号及实物图

三极管的文字符号为 VT,实物图如图 3-5 所示。

a)大、中、小功率三极管　　　b)光敏三极管　　　c)锗材料三极管

图 3-5　三极管实物图

2.三极管结构

由两个 PN 结构成,两个 PN 结把整个半导体基片分成三部分,中间部分是发射区和集电区。根据 P 型半导体和 N 型半导体的排列方式不同,可分为 PNP 和 NPN 两种。

从三个区引出相应的电极分别为基极 B、发射极 E 和集电极 C。发射区和基区之间的 PN 结称为发射结,集电区和基区之间的 PN 结称为集电结。如图 3-6 所示,图中箭头方向为发射结处在正向偏置时发射极电流方向。

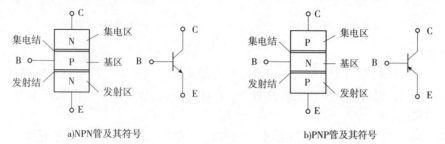

a)NPN管及其符号　　　　　　　b)PNP管及其符号

图 3-6　三极管的结构与电路图形符号

3.三极管分类

三极管的种类很多,通常按以下方法进行分类:

（1）按半导体材料,可分为硅管和锗管,硅管工作稳定性优于锗管,因此当前生产和使用常用硅管。

（2）按三极管内部基本结构,可分为 NPN 型和 PNP 型两类,目前我国制造的硅管为 NPN 型(也有少量 PNP 型),锗管多为 PNP 型。

（3）按用途,可分为普通放大管、开关管等。

（4）按功率大小,可分为小功率管、中功率管和大功率管。

（5）按工作频率,可分为超高频管、高频管和低频管。

二、三极管的伏安特性

三极管的特性曲线是指各电极间电压和各电极电流之间的关系曲线,其中主要有输入特性曲线和输出特性曲线两种。现分别介绍三极管的输入特性曲线、输出特性曲线。

1. 输入特性曲线

输入特性曲线是指 U_{CE} 为某一固定值时,输入回路中的 I_B 和 U_{BE} 之间的关系曲线,如图 3-7 所示。

输入回路中,由于发射结是一个正向偏置的 PN 结,因此,输入特性就与二极管的正向伏安特性相似,不同的是输出电压 U_{CE} 对输入特性有影响。当 $U_{CE} \geqslant 1V$ 时,不同 U_{CE} 值的输入曲线基本重合。

2. 输出特性曲线

输出特性曲线是指 I_B 为某一固定值时,输出回路中 I_C 和 U_{CE} 之间的关系曲线,如图 3-8 所示。在图中每一条曲线都与一个 I_B 值相对应。根据输出特性曲线,三极管的工作区域可分为以下 3 种情况。

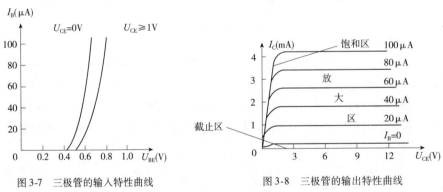

图 3-7 三极管的输入特性曲线   图 3-8 三极管的输出特性曲线

（1）截止区

把 $I_B = 0$ 时的曲线与 U_{CE} 轴之间的区域称为截止区。三极管工作在截止区时,发射结和集电结均为反偏,相当于一个开关断开状态。在此区域,三极管失去了电流放大能力。

（2）饱和区

输出特性曲线族陡直上升且互相重合的曲线与纵轴 i_C 之间的区域称为饱和区。三极管工作在饱和区时,发射结和集电结都处于正向偏置。在这个区域,各 I_B 值所对应的输出特性曲线几乎重合在一起,I_C 随 U_{CE} 的升高而增大,当 I_B 变化时,I_C 基本不变,$I_C \approx \dfrac{E_C}{R_C}$,即 I_C 不

受 I_B 的控制,三极管失去电流放大作用。在此区域,相当于一个开关闭合状态。

（3）放大区

输出特性曲线的平坦部分与 u_{CE} 轴之间的区域称为放大区。三极管处于放大状态时,发射结正偏,集电结反偏。在这个区域,集电极电流受控于基极电流,体现了三极管的电流放大作用,有 $I_C = \beta I_B$。特性曲线的间隔大小反映了管子的 β 值,体现了不同三极管的电流放大作用;对于一定的 I_B, I_C 基本不受 U_{CE} 的影响,即无论 U_{CE} 怎么变化,I_C 几乎不变,这说明三极管有恒流特性。

三、三极管的参数

三极管的参数是设计电路、选用三极管的依据,主要有电流放大系数,穿透电流、集电极最大允许电流、反向击穿电压和集电极最大耗散功率。

（1）电流放大系数 β

通常三极管的电流放大系数 β 值在 $20 \sim 280$, β 值太小,放大能力差; β 值太大,工作性能不稳定。常用的 β 值在 100 左右为宜。

（2）穿透电流 I_{CEO}

基极开路时($I_B = 0$),集电极和发射极之间的反向电流称为穿透电流,用 I_{CEO} 表示, I_{CEO} 随温度的升高而增大, I_{CEO} 越小,管子的性能越稳定。硅管的穿透电流比锗管小,因此硅管的稳定性较好。

（3）集电极最大允许电流 I_{CM}

集电极最大允许电流是指正常工作时,集电极允许的最大电流。当 I_C 超过一定值时,电流放大 β 系数会下降,如果超过了 I_{CM}, β 会下降到无法正常工作的程度。

（4）反向击穿电压 U_{CEO}

反向击穿电压是指基极开路时,加在集电极和发射极之间的所能承受的最大反向电压。用 U_{CEO} 表示。

（5）集电极最大允许耗散功率 P_{CM}

三极管正常工作时,集电结所允许的最大耗散功率称为集电极最大允许耗散功率,用 P_{CM} 表示。$P_{CM} < 1W$ 的称为小功率管,$P_{CM} > 1W$ 的称为大功率管。

任务二　安装和调试分压偏置放大电路

知识目标

1. 掌握放大电路的工作原理。

2. 掌握放大电路静态工作点的测试与调整方法。

3. 了解电路放大倍数与电路参数有关。

技能目标

1. 培养学生的识图能力:正确区分电路的交流输入端、交流输出端、直流电源端和电路公共端。

2.会安装和调试晶体三极管组成的放大电路。

3.会用万用表测量电路静态工作点。

4.会用示波器观察放大电路的波形。

 学习准备

一、电路原理

分压偏置放大电路是一个常用放大电路。利用电路的结构能稳定放大电路的静态工作点。电路原理图如图 3-9 所示。它采用 R_P、R_1、R_2 固定基极电位,再利用发射极电阻 R_4 获得电流反馈信号,使基极电流发生相应的变化,从而稳定静态工作点。各元器件的名称和各元器件的作用见表 3-5。

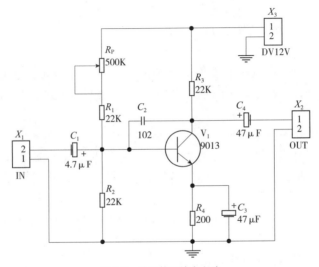

图 3-9 分压偏置放大电路

元器件的名称和各元器件的作用   表 3-5

序号	名 称	作 用
1	电源 V_{CC}	放大电路的电源,为输出信号提供能量
2	晶体三极管 Q	放大电路的核心元件,利用晶体管在放大区的电流控制作用,将微弱的电信号进行放大
3	R_P、R_1 为上偏置电阻,R_2 为下偏置电阻	电源电压经分压后给基极提供偏流
4	R_3 为集电极电阻,R_4 为发射极电阻	将电流放大转化为电压放大
5	C_3 是射极电阻旁路电容	提供交流信号的通道,同时减少放大过程中的损耗,使交流信号不因 R_4 的存在而降低放大器的放大能力
6	C_1、C_4 为耦合电容,C_2 为消振电容	C_1、C_4 隔直流通交流;C_2 用于消除电路可能产生的自激

二、准备仪器和工具

（1）直流电源：提供 6～12V 直流电压，如图 3-10 所示。

（2）函数信号发生器：提供几十毫伏交流电压，如图 3-11 所示。

图 3-10　直流稳压电源

图 3-11　函数信号发生器

（3）双踪示波器：可同时显示输入信号和输出信号的波形，如图 3-12 所示。

（4）交流毫伏表（若万用表有毫伏级挡位可以代替毫伏表）：用于测量输入信号的电压值，如图 3-13 所示。

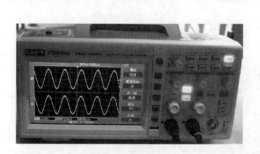

图 3-12　双踪示波器

图 3-13　交流毫伏表

（5）万用表：测量电阻、电压、电流等参数或用于检测器件，如图 3-14 所示。

a)模拟式万用表

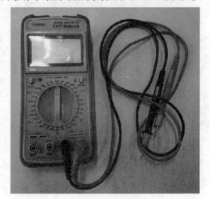

b)数字式万用表

图 3-14　万用表

79

（6）焊接工具，如图 3-15 所示。

（7）基本常用工具，如图 3-16 所示。

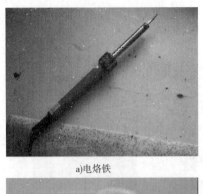

a)电烙铁

b)烙铁架

c)焊锡丝

d)松香

图 3-15　焊接工具

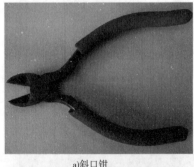

a)斜口钳

b)镊子

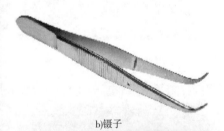

c)螺丝刀

d)剥线钳

图 3-16　基本常用工具

（8）PCB 板正反面，如图 3-17 所示。

a)PCB板正面

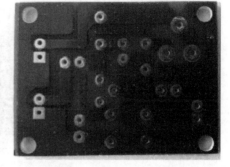
b)PCB板反面

图 3-17　PCB 板正反面

三、元件清单

完成本任务所需元器件见表 3-6。

分压偏置放大电路元件清单　　　　　　　　　　　　表 3-6

标　号	名　　称	规　格	数量	标　号	名　　称	规　格	数量
R_1、R_2	电阻	22k	2	C_3、C_4	电解电容	47μF	2
R_3	电阻	2.2k	1	C_1	电解电容	4.7μF	1
R_4	电阻	220	1		杜邦线	10mm	2
R_P	可调电阻	500k	1		PCB 板	40mm×30mm	1
C_2	瓷片电容	102	1	X_1、X_2、X_3	排针	2P	3
Q	NPN 型三极管	9013	1		PCB 板	40mm×55mm	1

 任务实施

一、元器件识别与检测

识别对本任务主要元器件，并对其性能进行检测，过程见表 3-7。

元器件识别与检测　　　　　　　　　　　　　表 3-7

名称	外观识别	符号	测　量　现　象	结　果　分　析
电阻 $R_1 \sim R_4$		R		色环电阻器：先识读其标称阻值，用万用表检测其实际阻值

名称	外观识别	符号	测量现象	结果分析
可调电阻 R_P	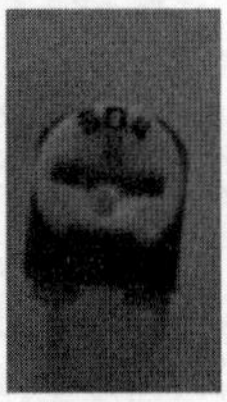	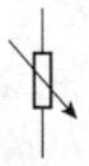	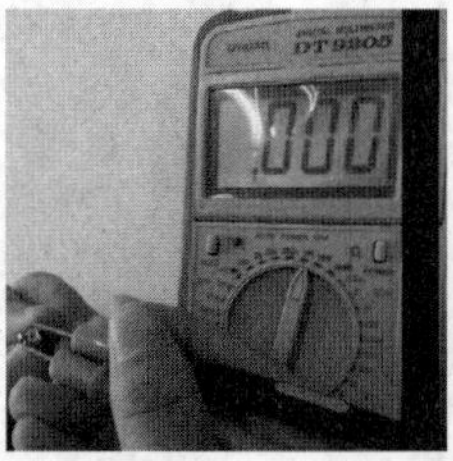 	用万用表两只表笔电位器接在电位器中间的脚与其外任意一脚,旋转电位器,万用表显示数值会在 0 与标称值之间,视为好的元件
电容器瓷片电容 C_2、电解电容 C_1、C_3、C_4	 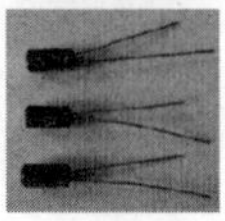	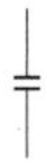	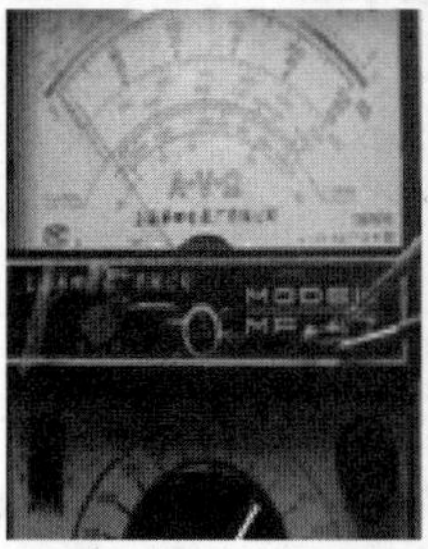 	用万用表 × 1k 挡,黑红表笔分别接电解电容的正负极两极,指针快速大幅度向右偏转,然后慢慢向原点返回到某一位置停止不动
三极管 Q	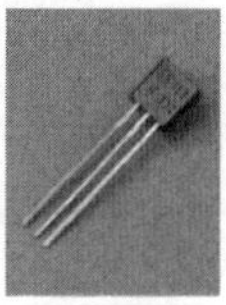	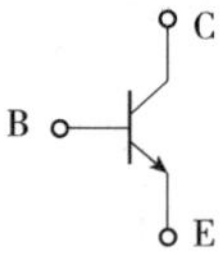	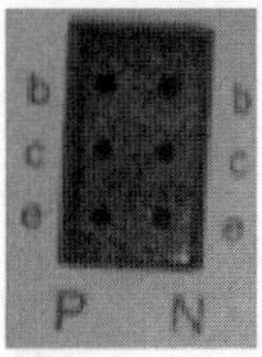  	先用万用表判断 B 极和型号(NPN 还是 PNP)。然后,选择 h_{fe} 挡位,插入测量插孔,B 极不变,再判断 C、E 极,指针偏转大的对应的就是 C、E 极。具体操作可参照项目三表 3-3

二、分压偏置放大电路的连接

元件装焊前,应仔细观察元件引脚及焊接板表面有无氧化层,若有氧化现象,可用砂纸或助焊剂去除。元件安装顺序原则为先低后高,先轻后重,先耐热后不耐热。一般的装焊顺序依次是电阻、电容、二极管、三极管、集成电路、大功率管等,本任务连接过程如下:

(1)焊接电阻 R_1 ~ R_4,如图 3-18 所示。

(2)焊接可调电阻 R_P,如图 3-19 所示。

(3)焊接瓷片电容 C_2,如图 3-20 所示。

(4)焊接排针 X_1、X_2、X_3,如图 3-21 所示。

(5)焊接三极管 Q,如图 3-22 所示。

(6)焊接电解电容 C_1、C_3、C_4,如图 3-23 所示。

图 3-18　焊接电阻

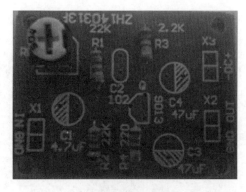

图 3-19　焊接可调电阻

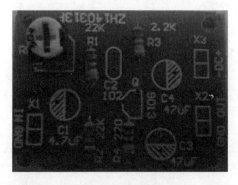

图 3-20　焊接瓷片电容 C_2

图 3-21　焊接排针

图 3-22　焊接三极管

图 3-23　焊接电解电容 C_1、C_3、C_4

三、分压偏置放大电路调试

1. 静态工作点的调节

（1）调试直流稳压电源，使得 $V_{CC} = 12V$，并接入放大电路直流电源输入端 X_3 相连。如图 3-24 所示。

（2）由信号发生器提供输入信号，将信号发生器的波形输出设置为"正弦波"，输出电压为 10mV、1kHz 的信号。

（3）将双踪示波器一路接在输入信号两端 X_1，测量输入信号波形。

（4）将双踪示波器另一路接在输出负载电阻两端 X_2，测量输出信号波形。

（5）调节 R_P，如图 3-25 所示，使静态工作点适中，输出波形不失真，如图 3-26 所示。

图 3-24　调试直流稳压电源

图 3-25　调节 R_P

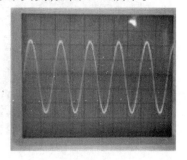

图 3-26　不失真波形

2. 静态工作点的测量

（1）取走信号源，用万用表测量三极管各极（B 极、C 极、E 极）对地的电压，填入表 3-8 中。

测量 V_{BQ}、V_{CQ}、V_{EQ}　　　　　　　　　　表 3-8

电压（V）	V_{BQ}	V_{CQ}	V_{EQ}
三极管 Q			

> **强调**：安全操作规范：
> ①调电源时，请正确选择万用表量程。
> ②测试时，先接线，后开电源，再测量。
> ③测量时，不可以带电转换万用表转换开关。
> ④调节电位器测量电位时，两人合作。

（2）然后我们再去测 I_C 和 V_{CE}。I_C 测量方法是：测量 U_{RC}，根据欧姆定律 $I_C = \dfrac{U_{RC}}{R_C}$，算出 I_C 的值，填入表 3-9 中。

测 I_C 和 V_{CE}　　　　　　　　　　表 3-9

电压（V）	工作状态	I_C（mA）	V_{CE}（V）
三极管 Q			

> **强调**：安全操作规范：
> ①使用示波器前，必须进行校准。
> ②函数信号发生器、示波器接入放大电路时，需可靠接地。
> ③读数时，仔细观察，准确读数。

3. 观察 u_i 与 u_o，测量放大倍数 A_v

（1）使用函数信号发生器，调出频率 $f = 1\text{kHz}$，峰—峰值 Uip－p 为 10mV 左右的正弦波信号，接入电路的输入端 X_1。

（2）用双踪示波器同时观察输入端（X_1）u_i 和输出端 u_o（X_2）的波形，判断相位关系。

（3）以示波器上的读数为准，读出 Uip－p 和 Uop－p，计算 A_v＝Uop－p/Uip－p，填入表 3-10中。

测量放大倍数 A_v　　　　　　　　　　　　　　表 3-10

u_i 波形	u_o 波形	相位关系	Uip－p（mV）	Uop－p（V）	A_v

通过观察和计算，我们可以知道：在共发射极放大电路中，输入电压 u_i 和输出电压 u_o 之间，兼有放大和反相的作用。

4. 波形失真分析（可选做）

（1）将频率为 f＝1kHz 的正弦信号加在放大器的输入端，增大输入信号幅度，用示波器监视放大器的输出信号 U_o 为不失真的正弦波，如图 3-27c）所示。

  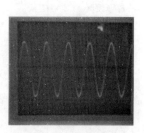

a）截止失真　　　　　b）饱和失真　　　　　c）不失真

图 3-27　放大电路输出电压波形图

（2）调节可变电阻 R_p 使其电阻值增大，直至从示波器观察到放大器的输出波形出现失真，记录此时的波形，参照图 3-27 放大电路输出电压波形图，判别失真类型，并测出相应的集电极静态电流 I_{CQ}，填入表 3-11 中。若波形不失真不够明显，可适当增大输入信号。

波形失真分析数据记录表　　　　　　　　　　　　　　表 3-11

项　　目	输出波形记录	失真类型	I_{CQ}（mA）
R_{P1} 阻值增大			
R_{P1} 阻值减小			

（3）调节可变电阻 R_p 使其电阻值减小，直至从示波器观察到放大器的输出波形出现失真，记录此时的波形，参照图 3-27 放大电路输出电压波形图，判别失真类型，并测出相应的集电极静态电流 I_{CQ}，填入表 3-11 中。

（4）根据上述两种情况所观察到得波形，说明放大电路的失真与集电极偏置电流大小的关系。

 **任务评价**

项　　目	内　　容	配分	考　核　要　求	扣　分　标　准	得分
工作态度	1. 工作的积极性。 2. 安全操作规程的遵守情况。 3. 纪律遵守情况和团结协作精神	20 分	工作过程积极参与，遵守安全操作规程和劳动纪律，有良好的职业道德、敬业精神及团结协作精神	1. 违反安全操作规程扣 30 分，其余不达要求酌情扣分。 2. 当实训过程中他人有困难能给予热情帮助则加 5~10 分	
任务要求	元器件插装工艺与排列	10 分	1. 元器件插装采用立式、贴紧 PCB 板安装。 2. 元器件插装位置、极性符合 PCB 板要求	1. 元器件安装倾斜、无紧贴 PCB 板，每处扣 1 分。 2. 插装位置、极性错误，每处扣 2 分	
	元件焊接	10 分	1. 元件脚挺直，垂直 PCB 板。 2. 元件之间要留有空隙，不可以触碰紧挨，有参数及标记的，以能够看见元件参数及标记为宜	1. 元件线弯曲、拱起，每处扣 2 分。 2. 元件之间触碰紧挨，每处扣 2 分	
	焊接质量	10 分	1. 按照焊接步骤，控制每次焊接的时间。 2. 焊点上引脚不能过长，焊点均匀、光滑、一致，无毛刺、无假焊等现象焊点以圆锥形为好	1. 有搭锡、假焊、虚焊、漏焊、焊盘脱落、桥接等现象，每处扣 2 分。 2. 出现毛刺、焊料过多、焊料过少、焊接点不光滑、引线过长等现象，每处扣 2 分	
	电路测试	30 分	1. 会调节静态工作点。 2. 会测量静态工作点。 3. 观察 u_i 与 u_o，会测量放大倍数 A_u。 4. 能波形失真类型。 5. 会判断波形失真的原因，并通过调节 R_p，使输出电压波形不失真	1. 不会调节静态工作点扣 6 分。 2. 不会测量静态工作点扣 6 分。 3. 不会测量放大倍数 A_u 扣 6 分。 4. 不能判断波形失真类型扣 6 分。 5. 不能判断波形失真的原因，无法通过调节 R_p，使输出电压波形不失真扣 6 分	

续上表

项　目	内　容	配分	考 核 要 求	扣 分 标 准	得分
操作结束	1. 工作台面工具摆放整齐。 2. 各仪器断电恢复初始状态	20分	1. 工作台面工具排放整齐。 2. 各仪器恢复初始状态	1. 工作台面工具没有排放整齐扣10～20分。 2. 仪器未断电恢复,每项扣3分	
合计		100分			

注:各项配分扣完为止。

 知识拓展

一、放大器概述

在一些电子设备中,如音响功率放大器、电视接收机还有一些精密仪器都需要将微弱的电信号加以放大才能得到我们所需的信号。我们把能完成这种放大功能的电路称为放大电路(又称放大器)。

图3-28是低频小信号放大器的方框图。它表示各种小信号放大器都可以用带有输入端和输出端的方框来表示。我们把需要放大的信号加到放大器的输入端,然后经放大器放大后再从输出端输出。通常,只要保证输出信号的功率大于输入信号的功率和输出信号的波形与输入信号的波形相同这两个条件,就可以说该信号已经被很好地放大。

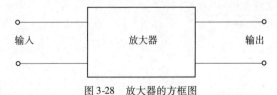

图3-28　放大器的方框图

那么对于一个放大器来讲,主要有以下几点要求。

1. 要有足够大的放大倍数

放大倍数是衡量放大电路放大能力的主要参数,其值为输出信号与输入信号之比。

2. 要有合适的输入输出电阻

通常我们把需要放大的信号称为信号源,那么对于信号源所呈现的等效负载电阻,我们就可以用输入电阻 r_i 表示。也可以理解为,输入电阻就是从放大器的输入端看进去的等效电阻,如图3-29所示。

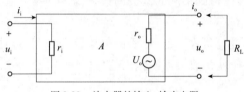

图3-29　放大器的输入、输出电阻

可见,放大器的输入电阻 $r_i = u_i / i_i$,它的大小反映了放大器对信号源的影响程度。此值越大,放大器要求信号源提供的信号电流就越小,于是信号源的负担就越轻。所以说通常放大器在应用时,总是希望输入电阻大一些。

同理,放大器的输出电阻则是从放大器的输出端看进去的交流等效电阻(不包括负载电阻 R_L),如图 3-29 中所示。输出电阻 r_o 越小,表示放大器带负载的能力越强,并且负载变化时,对放大器影响也小,所以通常希望输出电阻越小越好。

二、基本放大电路的组成及工作原理

1. 放大电路的组成

由 NPN 型三极管组成的基本放大电路,如图 3-30a)所示。信号从晶体管的基极、发射极输入,经放大后由集电极和发射极输出。由于发射极既作为信号的输入端又作为输出端,所以称这种放大电路形式为共发射极放大器。下面分别介绍组成放大器的各元件的作用。

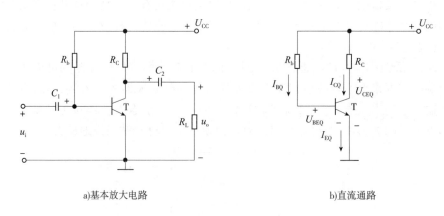

a)基本放大电路　　　　　　　　　　　　　b)直流通路

图 3-30　基本放大器

(1)晶体三极管 T

晶体三极管起电流放大作用,是放大器的核心器件。

为使三极管工作在放大状态,必须使其发射结正偏,集电结反偏。

(2)直流电源 U_{CC}

U_{CC} 为集电极直流电源。因为三极管为 NPN 型,所以 U_{CC} 必须是正电源,负责给三极管提供合适的偏置电压。

(3)基极偏置电阻 R_b

通过改变 R_b 的阻值可以得到不同的基极偏置电流。一般取值为几十千欧到几百千欧。

(4)集电极偏置电阻 R_C

放大器通过集电极偏置电阻 R_C 把三极管的电流放大作用转换成电压放大作用,即三极管集—射极之间的变化电压就是放大器的输出信号电压。

(5)耦合电容 C_1、C_2

C_1 和 C_2 分别是输入和输出信号的耦合电容。它们能够隔断信号源与输入端之间、三极管集电极与负载之间的直流信号通路,同时又能保证交流信号的顺利通过。

2. 放大电路的工作过程

放大器工作的过程可以分为两大部分。放大器在没有外加输入信号时($u_i = 0$),电路中仅仅有直流电源提供的直流电压和直流电流,电路的这种状态称为静态。而当放大器有输入信号($u_i \neq 0$)时,电路中的电压和电流都将跟随输入信号做相应的变化,此时我们把这种电路状态称为动态。下面我们先来分析放大器的静态情况。

(1)静态

①直流通路。在没有外加输入信号时,放大电路中的电压和电流均为直流量,为了便于更好地分析和计算这些直流参数,可以画出它的直流通路。直流通路即为放大器的直流等效电路,是放大器输入回路和输出回路直流电流的流经途径。在画直流通路时,只需将电路中的电容视为开路,其他不变即可,如图3-30b)所示。

②静态工作点。直流通路中的这些电压和电流参数值称为静态工作点。通常电路中描述静态工作点的量用 U_{BEQ}、I_{BQ}、I_{CQ} 和 U_{CEQ} 表示。在三极管输入输出曲线中,常用 Q 点来表示,因此在各参数下都添加符号 Q。那么根据图3-30b)所示的直流通路,我们不难得出该放大器的静态工作点为:

$$I_{BQ} = U_{CC} - U_{BEQ}/R_b$$
$$I_{CQ} = \beta I_{BQ}$$
$$U_{CEQ} = U_{CC} - I_{CQ}R_c$$

U_{BEQ} 的值基本恒定不变(硅管约0.7V,锗管约0.3V)。

一个放大器的静态工作点设置的合适与否,是放大器能否正常工作的重要条件。

(2)动态

在图3-31所示的电路中,当放大器的输入端加上交流输入信号 u_i 时,在放大器的输出端便可以得到图中所示与 u_i 波形正好反相并被放大的输出信号波形。

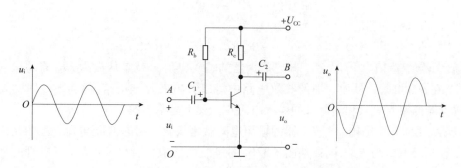

图3-31　基本放大电路放大信号的过程

①交流通路。交流通路即放大器的交流等效电路,是放大器交流信号的流经途径。在画交流通路时,将电容视为短路,将直流电源(内阻很小)也视为短路,其余不变即可。如图3-32a)所示,即为放大器的交流通路。

图3-32b)为放大器的交流等效电路。所谓等效实际是将三极管用其微变等效电路代替,其他元件不变。图中将三极管的基极和发射极之间等效成一个电阻 r_{be},而集电极和发射

极之间等效成一个恒流源。这样,原本具有非线性元件的放大电路就转化成线性电路,我们便可以采用线性的计算方法来分析放大倍数等技术指标。

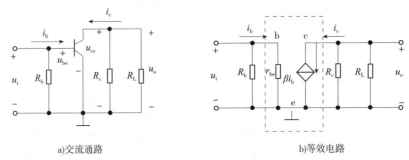

a)交流通路　　　　　　　　　　　　b)等效电路

图 3-32　放大器的交流等效电路

②放大器的电压增益、输入和输出电阻

a. 晶体管的输入电阻 r_{be}。从图 3-32b)等效电路中可以看出,要用等效电路分析放大器的话,首先要知道三极管等效电路中的 r_{be} 和 β 值。β 值一般可以通过测量或查手册求得,而晶体管的输入电阻 r_{be} 在工程上一般采用下面的经验公式来估算:

$$r_{be} = \frac{300 + (1 + \beta)26\text{mV}}{I_{EQ}}\text{mA}(\Omega)$$

一般 r_{be} 的取值在几百欧至几千欧之间。

b. 放大器的电压放大倍数 A_v。由图 3-32b)所知,在输入端有 $u_i = i_b(R_b /\!/ r_{be})$,因为 $R_b \gg r_{be}$,所以 R_b 可以忽略不计,便有

$$u_i = i_b r_{be}$$

输出端有 $u_o = i_c(R_c /\!/ R_L) = i_c r_L$,因 $i_c = \beta i_b$,所以 $u_o = i_c R_L{}' = \beta i_b R_L{}'$,又由于 u_o 与 u_i 是反相的,所以在公式的前面要加上负号,即

$$u_o = -i_c R_L{}' = -\beta i_b R_L{}'$$

最后可得到放大器的电压放大倍数 A_v 为:

$$A_v = u_o / u_i = -\beta i_b R_L{}' / i_b r_{be} = -\beta R_L{}' / r_{be}$$

c. 放大器的输入电阻 r_i。我们知道放大器的输入电阻 r_i 就是从放大器的输入端看进去的交流等效电阻。从放大器的等效电路中可以看出来 $r_i = R_b r_{be}$,而当 $r_b r_{be}$ 时需要注意的是,放大器的输入电阻和晶体管的输入电阻在意义上是不同的。

d. 放大器的输出电阻 r_o。放大器的输出电阻就是从放大器的输出端看进去的交流等效电阻(不包括负载电阻 R_L),同样从图 3-32b)的等效电路中可看出 $r_o \approx R_c$(三极管的动态电阻很大,可忽略不计)。

【例 3-1】　如图 3-33 所示的基本放大电路,已知三极管的 $\beta = 50$,其他参数如图所示。试求:(1)放大器的静态工作点;(2)r_{be};(3)A_v;(4)r_i 和 r_o。

解:(1)求静态工作点

$$I_{BQ} = U_{CC} - U_{BEQ} / R_b \approx U_{CC}$$

$$R_b = 12\text{V}/270\text{k}\Omega \approx 44.4\mu\text{A}$$

$$I_{CQ} = \beta I_{BQ} = 50 \times 44.4\mu\text{A} = 2.2\text{mA}$$

$$U_{CEQ} = U_{CC} - I_{CQ}R_c = 12V - 2.2mA \times 3k\Omega = 5.4V$$

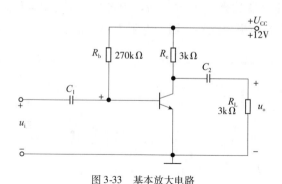

图 3-33 基本放大电路

（2）求 r_{be}

根据 $r_{be} = 300 + (1 + \beta)26mV/I_{CQ}mA = 300 + (1 + 50) \times 26mV/2.2mA \approx 903\Omega = 0.903k\Omega$

（3）求 A_v

因 $A_v = -\beta R_L'/r_{be}$，且 $R_c // R_L = 3k\Omega // 3k\Omega = 1.5k\Omega$，所以

$$A_v = -50 \times 1.5/0.9 = -83.3$$

（4）求输入电阻 r_i、r_o

$$r_i = r_b // r_{be} \approx r_b = 0.9k\Omega$$

$$r_o // R_c = 3k\Omega$$

三、放大电路的三种接法

除了共放射极放大电路外，如果把三极管的基极或集电极作为输入回路和输出回路的公共端，则可分别构成共基极放大电路和共集电极放大电路。

以上这三种放大电路也称为放大器的三种组态。

1. 共集电极放大电路

（1）电路组成

图 3-34a）为共集电极放大电路，图 3-34b）是它的交流通路。由图中可以看出，集电极是输入回路和输出回路的公共端，故称此电路为共集电极放大电路。在这种电路中，负载 R_L 接在发射极上，从发射极输出信号，所以共集电极电路又称为射极输出器。

（2）静态工作点

根据图 3-34a）可得：$U_{CC} - I_{BQ}R_b - U_{BEQ} - I_{EQ}R_e = 0$，于是有 $I_{BQ} = [U_{CC} - U_{BEQ}] \div [R_b(1 + \beta)R_e]$，$I_{EQ} = 1 + \beta I_{BQ}$，$U_{CEQ} = U_{CC} - I_{EQ}R_e$。

（3）电压放大倍数

从图 3-34b）可以看出，当 u_i 增加时，i_b 也增加，使 u_o 也增加，即 u_o 与 u_i 是同相位变化。因为 $u_i = u_{be} + u_o$ $u_i \gg u_{be}$，电压放大倍数略小于 1 且近似于 1。但是对于电流而言，I_e 仍为基极电流的 $(1 + \beta)$ 倍，因此具有较强的电流放大能力。

由于射极输出器的输出电压 u_o 接近于输入电压 u_i，两者的相位又相同，所以射极输出器又称为射极跟随器，简称跟随器。

（4）输入输出电阻

图 3-34c）为射极输出器的微变等效电路。由图中可得：$R_i = R_b /\!/ [r_{be} + (1+\beta)R_L']$，$R_L' = R_e /\!/ R_L$，此值要比共射极放大器的输入电阻大很多倍。

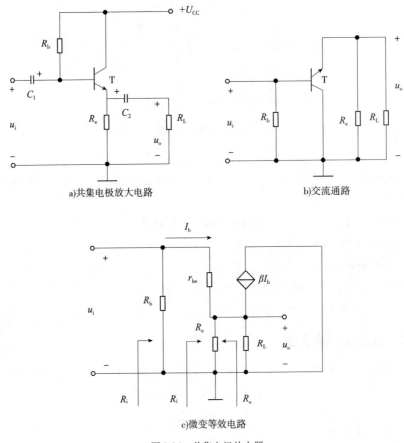

a)共集电极放大电路

b)交流通路

c)微变等效电路

图 3-34　共集电极放大器

而通过电路的计算，我们得到射极输出器的输出电阻只有共射极电路输出电阻的 $1/\beta$，只有几欧到几十欧大小。

综上所述，我们可以总结出共集电极放大电路的特点为：电流放大倍数大于1，电压放大倍数小于1，输出电压和输入电压同相，输入电阻高，输出电阻低。

共集电极电路的电压放大倍数虽然小于1，但由于输入电阻高，输出电阻低的突出特点，因而在电路的输入级、多级放大器的输出级得到广泛的应用。

2. 共基极放大电路

图 3-35a）为共基极放大电路，图 3-35b）是它的交流通路。从交流通路中可以看清楚基极是输入回路和输出回路的公共端，故称为共基极放大器。

共基极放大电路具有以下特点：电压放大倍数很大，但是电流放大倍数小于1，输出电压与输入电压同相，输入电阻低，输出电阻同共射极放大器一样为 R_c。因其高频特性好，常应用于宽频带放大器中。

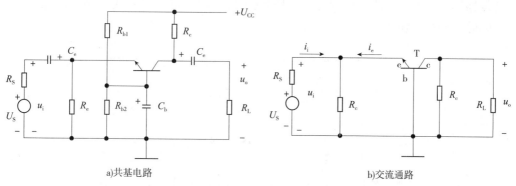

a)共基电路　　　　　　　　　　　　b)交流通路

图3-35　共基极放大电路

四、多级放大器

在前面我们讨论了放大器的三种基本组态,它们都属于单级放大器。在实际应用当中,要求的放大倍数往往是很大的,而单级放大器无法满足这个要求。为此需要把若干个单级放大电路连接在一起便组成了多级放大器。

多级放大器级与级之间的连接,我们称为耦合。多级放大器常用的耦合方式有以下3种:阻容耦合、变压器耦合和直接耦合。

1. 多级放大器常用耦合方式

（1）阻容耦合

阻容耦合是利用电阻和电容将前级和后级连接起来的耦合方式,如图3-36所示。在电路中耦合电容起到隔直通交的作用。输入信号通过第一级电路放大后,在集电极电阻 R_{c1} 两端的输出电压再经过耦合电容 C_2 把信号电压送出,加在第二级的输入电阻两端。因为耦合电容的作用,该电路保证了各级静态工作点彼此独立,互不干扰。这样便给放大器的分析及工作点的调整带来很大方便。

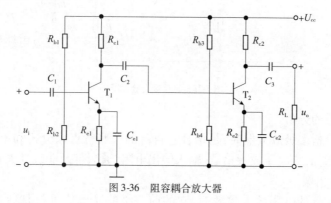

图3-36　阻容耦合放大器

（2）变压器耦合

变压器耦合就是利用变压器将前后级连接起来的耦合方式,如图3-37所示。因为变压器可以利用电磁感应把交流信号从变压器的原边感应到副边,实现信号的传输。在电路中,变压器同样也是起到隔直通交的作用,所以各级的静态工作点也彼此独立,互不影响。另外,变压器还有一个突出的优点,就是可以实现电路之间的阻抗变换,但它也存在着输出信号低频和高频响应差的问题。

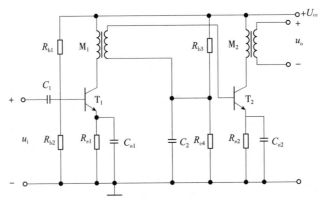

图 3-37　变压器耦合放大器

（3）直接耦合

将多级放大器的前级的输出端与后级的输入端直接连在一起的耦合方式称为直接耦合,如图 3-38 所示。虽然交流信号可以畅通无阻的被传输,然而各级的静态工作点却要互相影响,显然放大直流信号可以用直接耦合方式的放大器,而阻容耦合和变压器耦合方式的放大器只能用于交流信号的放大。

因此,直接耦合放大器也和阻容耦合配合使用,但主要还是被广泛应用到直流放大器中。

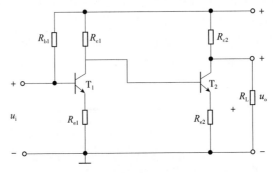

图 3-38　直接耦合放大器

2. 多级放大器的分析

通常我们在分析多级放大器时,是结合它自身的一些特点来分析和单级放大器相类似的一些主要性能指标,如电压放大倍数、输入输出电阻、通频带及非线性失真等。

（1）电压放大倍数

分析多级放大器的电压放大倍数时,它的前一级的输出信号就是后一级的输入信号。如果各单级放大器的放大倍数依次为 A_{v1}、A_{v2}、$\cdots$、A_{vn},那么多级放大器总的电压放大倍数将是各单级电压放大倍数的乘积,即 $A_v = A_{v1} A_{v2} \cdots A_{vn}$。

（2）输入电阻和输出电阻

多级放大器的输入电阻就是第一级的输入电阻,而它的输出电阻就是最后一级的输出电阻。

任务三 集成运算放大电路

知识目标

1. 了解集成运放的电路结构、主要参数及使用常识。
2. 掌握集成运放的符号及引脚功能。
3. 理解集成运算放大器组成的基本放大电路的特点及功能。

技能目标

1. 学会信号发生器、示波器的使用。
2. 通过同相比例运算放大电路和反相比例运算放大电路的制作,理解集成运算放大的应用。

学习准备

一、UA741 型运算放大器管脚说明

UA741 型运算放大器双列直插封装的俯视图如图 3-39a)所示。紧靠缺口(有时也用小圆点标记)下方的管脚编号为 1,按逆时针方向,管脚编号依次为 2、3、…、8。其中,管脚 2 为运放反相输入端,管脚 3 为同相输入端,管脚 6 为输出端,管脚 7 为正电源端,管脚 4 为负电源端,管脚 8 为空端,管脚 1 和 5 为调零端。通常,在两个调零端接一个几十千欧的电位器,其滑动端接负电源,如图 3-39b)所示。调整电位器,可使失调电压为零。

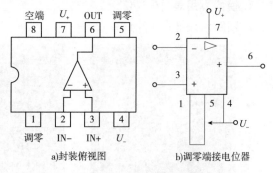

图 3-39 UA741 型运算放大器

二、电路分析

1. 同相比例运算放大电路

如图 3-40 所示,在同相比例运算放大电路中,输入信号经电阻 R_b 接到同相输入端,起补偿电阻的作用,用来保证外部电路平衡对称。R_f 为反馈电阻,从输出端看,R_f 接在了输出端,从输入端看,R_f 没有接在同相输入端,却接在了反相输入端,所以 R_f 为电路引入了电压串联负反馈,输出电压与输入电压的关系式为:

$$u_o = (1 + R_f/R_1)u_i$$

上式表明:输出电压与输入电压同相而且成比例关系,比例系数为 $1 + R_f/R_1$,所以该电路被称为"同相比例运算放大器"。

2. 反相比例运算放大电路

如图 3-41 所示,在反相比例运算放大电路中,输入信号经电阻 R_1 接到反相输入端,R_f 为反馈电阻。从输出端看,R_f 接在了输出端,从输入端看,R_f 接在了反相输入端,所以 R_f 为电路引入

了电压并联负反馈，R_2 为平衡电阻，取值为 $R_2 = R_1 / R_f$，输出电压与输入电压的关系式为

$$u_o = -R_f / R_1 \cdot u_i$$

上式表明：输出电压与输入电压反相而且成比例关系，比例系数为 $-R_f / R_1$，所以该电路被称为"反相比例运算放大器"。

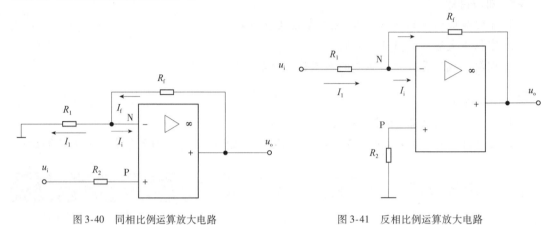

图 3-40　同相比例运算放大电路　　　　　图 3-41　反相比例运算放大电路

三、准备仪器和元器件

1. 模拟万用表（图 3-42）

2. 双踪示波器（图 3-43）

　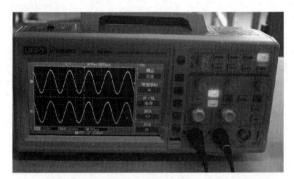

图 3-42　模拟万用表　　　　　　　　图 3-43　双踪示波器

3. 信号发生器（图 3-44）

4. 螺丝刀（图 3-45）

　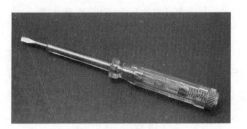

图 3-44　信号发生器　　　　　　　　图 3-45　螺丝刀

5. 集成运算放大电路实训台（图 3-46）

6. 电源模块（图 3-47）

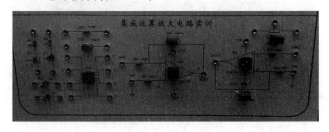

图 3-46 集成运算放大电路实训台

图 3-47 电源模块

7. 连接线（图 3-48）

四、元件清单

元件清单见表 3-12。

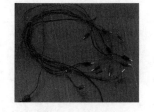

图 3-48 连接线

元 件 清 单　　　　　　　　　表 3-12

标　号	名　称	规　格	数　量
R_1	电阻	10k	1
R_2	电阻	10k	1
R_f	可调电阻	100k	1
UA741	集成运算放大器	UA741	1

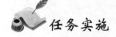 **任务实施**

一、元器件识别与检测

1. 色环电阻

如图 3-49 所示,先根据色环标志判断电阻的标称值,然后用万用表测量其实际电阻值,填入表 3-13 中进行对比。

3R3　　　　　　　　10kΩ

图 3-49 色环电阻

测 量 电 阻　　　　　　　　　表 3-13

标　号	标 称 值	测 量 值
R_1		
R_2		

2. 可调电阻

用万用表两只表笔电位器接在电位器中间的脚与另外任意一脚,旋转电位器,指针会在0 与标称值之间摆动,说明该电阻性能良好。如图 3-50 所示。

3. UA741 集成运算放大器(图 3-51)

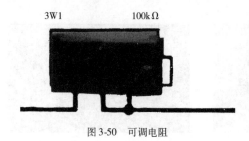

图 3-50　可调电阻

图 3-51　UA741 集成运算放大器

二、集成运算放大电路的连接

1. 同相比例运算放大电路(图 3-52)

(1)将集成运放 UA741 装在集成运算放大器实训单元同相比例运算放大电路模块的 3U2 底座上,注意将芯片缺口与底座缺口对齐。

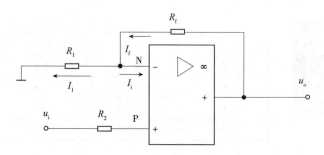

图 3-52　同相比例运算放大电路原理图

(2)根据原理图连接电阻 R_1、R_2 和 R_f,R_f 用可调电阻,如图 3-53 所示。

(3)UA741 的管脚 4 连接电源模块 $-12V$,管脚 7 连接电源模块 $+12V$,电路中的 GND 点与电源 GND 点相连,如图 3-54 所示。

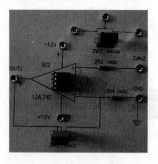

图 3-53　电路连接图

图 3-54　正、负电源连接

(4)调试信号发生器,使其输出正弦波,频率和电压值可根据需要调节,如图 3-55 所示,该信号发生器输出频率4.428kHz,电压 1V 的正弦交流电。

(5)将信号发生器 OUTPUT 端正极与 UA741 管脚 3(同相输入端)相连,双踪示波器 CH1 通道正极接 UA741 输出端,CH2 通道正极接同相输入端,另外把信号发生器、示波器的负极与实训模块中的 GND 端相连。

a)信号发生器输出

b)示波器测试信号发生器输出

图 3-55 信号发生器调试

（6）打开示波器、电源模块、信号发生器的电源，观察示波器显示波形，若输出电压波形失真，如图 3-56a）所示，则调节可调电阻 R_f，直到波形不失真，如图 3-56b）所示。此时观察输入电压与输出电压的关系，两者相位相同，并把波形图记录于表 3-14 中。

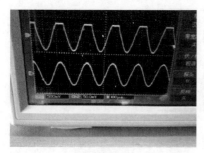
a)波形失真

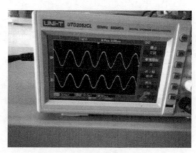
b)波形不失真

图 3-56 示波器显示波形

万用表测量输入电压与输出电压的数值 表 3-14

电 压	波 形 图	测 量 值
输入电压 u_i(V)		
输出电压 u_o(V)		

（7）用万用表测量输入电压与输出电压的数值，操作如图 3-57 所示，并把测量结果记入表 3-14 中。

a)

b)

图 3-57 万用表测输入和输出电压

（8）根据测量数据计算电压放大倍数 $A_{uf} = u_o/u_i$，记录数据于表 3-15 中。

（9）关闭所有电源，拆除电路连线，测量使波形不失真时的可调电阻 R_f 的有效电阻值，根据公式 $u_o = (1 + R_f/R_1)u_i$，$R_1 = 10\text{k}\Omega$，$R_f = 100\text{k}\Omega$，计算电压放大倍数 A_{uf} 的理论值，与步骤（8）中的实际计算值对比，计算误差，并记录数据于表 3-15 中。

电 压 放 大 倍 数 　　　　　　　　　　　　　　　　　　　表 3-15

电压放大倍数	理论计算值	实际测量值	误　　差
A_{uf}			

2. 反相比例运算放大电路（图 3-58）

（1）将集成运放 UA741 装在集成运算放大器实训单元反相比例运算放大器模块的 3U1 底座上，注意将芯片缺口与底座缺口对齐。

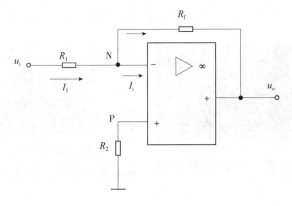

图 3-58　反相比例运算放大电路

（2）根据原理图连接电阻 R_1、R_2 和 R_f，R_f 用可调电阻，如图 3-59 所示。

（3）UA741 的管脚 4 连接电源模块 −12V，管脚 7 连接电源模块 +12V，电路中的 GND 点与电源 GND 点相连，如图 3-60 所示。

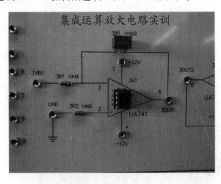

图 3-59　电路连接图

图 3-60　正、负电源连接

（4）调试信号发生器，使其输出正弦波，频率和电压值可根据需要调节，如图 3-61 所示，信号发生器输出频率 4.428kHz，电压 1V 的正弦交流电。

（5）将信号发生器 OUTPUT 端正极与 UA741 管脚 2（反相输入端）相连，双踪示波器 CH1 通道正极接 UA741 输出端，CH2 通道正极接反相输入端。另外，把信号发生器、示波器的负极与实训模块中的 GND 端相连。

（6）打开示波器、电源模块、信号发生器的电源,观察示波器显示波形,若输出电压波形失真,如图 3-62a）所示,则调节可调电阻 R_f,直到波形不失真,如图 3-62b）所示。此时观察输入电压与输出电压的关系,两者相位相反,并把检测波形记录于表 3-16 中。

| a)信号发生器输出 | b)示波器测试信号发生器输出 |

图 3-61　信号发生器调试

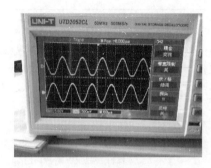

| a)波形失真 | b)波形不失真 |

图 3-62　示波器显示波形

（7）输入电压值如图 3-63a）所示,输出电压数值可用万用表测量,注意此时由于输出电压与输入电压反相,所以测量时应把万用表的黑笔与电路的输出端相连,红笔与 GND 点相连,如图 3-63b）所示,把数据记入表 3-16 中。

| a)输入电压 | b)输出电压 |

图 3-63　输入电压与输出电压实际测量值

输入电压与输出电压数据表　　　　　　　　　　表 3-16

电　　压	波　形　图	测　量　值
输入电压 $u_i(V)$		
输出电压 $u_o(V)$		

（8）根据测量数据计算电压放大倍数 $A_{uf} = u_o/u_i$，记录数据于表 3-17 中。

（9）关闭所有电源，拆除电路连线，测量使波形不失真时的可调电阻 R_f 的有效电阻值，根据公式 $u_o = -R_f/R_1 u_i$，$R_1 = 10\text{k}\Omega$，$R_f = 100\text{k}\Omega$，计算电压放大倍数 A_{uf} 的理论值，与步骤（8）中的实际计算值对比，并计算误差，记录数据于表 3-17 中。

电 压 放 大 倍 数　　　　　　　　　　表 3-17

电压放大倍数	理论计算值	实际计算值	误　差
A_{uf}			

 **任务评价**

项目	内　　容	配分	考核要求	扣 分 标 准	得分
工作态度	1. 工作的积极性。 2. 安全操作规程的遵守情况。 3. 纪律遵守情况和团结协作精神	20 分	工作过程积极参与，遵守安全操作规程和劳动纪律，有良好的职业道德、敬业精神及团结协作精神	1. 违反安全操作规程扣 20 分，其余不达要求酌情扣分。 2. 当实训过程中他人有困难能给予热情帮助则加 5～10 分	
任务要求	元器件测量与识别	10 分	会判断和检测元器件参数及性能	1. 不会或错误判断和检测元器件参数及性能，每处扣 3 分。 2. 使用工具不当每次扣 2 分	
	实施步骤	20 分	1. 实施过程步骤完整，顺序正确。 2. 电路连接正确	1. 步骤不完整或顺序不正确每处 3 分。 2. 连接错误扣 10 分	
	仪器使用	10 分	正确使用示波器与信号发生器	仪器使用不当，每次扣 3 分	
	电路测试	20 分	1. 电路测试环节完整无遗漏。 2. 会调整波形。 3. 测试结果正确	1. 测试环节有遗漏，每次扣 5 分。 2. 不会调整波形扣 3 分。 3. 测试结果不正确扣 10 分	
任务实施	1. 设备断电。 2. 工作台面工具摆放整齐	20 分	1. 设备断电。 2. 工作台面工具摆放整齐	1. 设备、仪器没有断电扣 3～10 分。 2. 工作台面工具没有摆放整齐扣 10 分	
合计		100 分			

注：各项配分扣完为止。

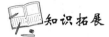知识拓展

集成运算放大器是一种直接耦合放大器,由于其电路简单,放大倍数高,线形好,外围元件少,因此得到了广泛的应用。集成运算放大器的基本组成单元是差分放大器。

一、差分放大器

在电子系统中常常需要放大缓慢变化的信号。例如,要测量某一物体的温度,首先用"传感器"将温度转换成电信号,由于温度的变化是十分缓慢的,转换后相应的电信号也是一个缓慢变化的信号,而且还十分微弱,必须加以放大后,才能推动测量仪器、记录机构或控制执行元件的动作,放大这类的信号不能用阻容耦合或变压器耦合放大器,因为频率很低的信号会被电容或变压器阻断,因此必须采用直接耦合的直流放大器。可是在多级直接耦合放大器中,除了各级静态工作点相互影响外,还存在零点漂移的问题。

1. 零点漂移现象

(1)零点漂移概念

在多级直流放大器中,理想情况下,当输入信号 $u_i = 0$ 时,输出信号 u_o 也应为 0。而实际上由于各级静态工作点随温度、电源电压波动等因素而变化,使得输出信号 $u_o \neq 0$,这种现象称为零点漂移,简称零漂。

工作点漂移的现象不仅存在于直流放大器中,在交流放大器中也是存在的,只不过由于交流放大器中电容器、变压器等耦合元件的阻断作用,使得零漂现象只被局限在本级范围内,更不会被逐级放大。但是在直流放大器中,即使一个微小的漂移也会被逐级放大,甚至使输出电压严重偏离稳压值,造成放大器无法正常工作。

(2)零点漂移的表示方法

放大器中出现了零漂的现象,怎样衡量它的程度有多深呢? 通常在衡量一个直流放大器零点漂移的程度时,不能只看输出零漂电压绝对值的大小,而是把输出端零漂电压与放大器放大倍数的比值等效到输入端,一个等效零漂电压,简称输入零漂,用这个零漂作为衡量其质量的指标。输入零漂的重要意义在于它确定了直流放大器正常工作时,所能放大的有用信号的最小值。

(3)抑制零漂的措施

①选用稳定性能好的硅三极管作为放大管。

②采用单级或级间负反馈以稳定工作点,减小零点漂移。

③采用直流稳压电源,减小因电源电压波动所引起的零点漂移。

④采用热敏元件来补偿放大管受温度影响所引起的零点漂移。

⑤采用差分放大电路来抑制零漂。

在以上这几项措施中,差分放大电路抑制零漂的效果最好。

2. 差分放大电路

(1)电路结构和特点

图 3-64 所示为差分放大电路的基本形式。它由两个完全相同的单管放大电路组成,

电路中各对应元件的参数基本一致,如 $R_{c1} = R_{c2}$ 等,而且对称性越好,其抑制零漂的效果越好。

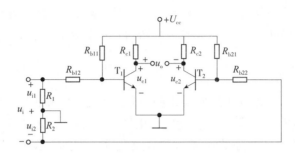

图 3-64　差分放大器的基本电路

(2)工作原理

①对差模信号的放大作用

将有用信号加到差分放大电路的输入端,如图 3-64 所示。加在 T_1 基极的信号对地电压为正极性,加到 T_2 基极的信号对地电压为负极性,由于电路对称,所以加到两管基极上的信号完全相等,但极性相反。通常把这种大小相等、极性相反的信号叫作差模信号,这种输入方式称为差模输入。

设两管输入电压为 u_i,两个放大器放大倍数均为 A_v,送入每管的基极信号电压经两个 R 分压后为 $u_i/2$,由于两管输入信号电压极性相反,即有

$$u_{i1} = u_i/2 , u_{i2} = - u_i/2$$

$$u_{c1} = A_v \cdot u_{i1} = A_v \cdot u_i/2$$

$$u_{c2} = A_v \cdot u_{i2} = - A_v \cdot u_i/2$$

输出电压　　　　$u_o = u_{c1} - u_{c2} = A_v \cdot u_i/2 - (- A_v \cdot u_i/2) = A_v \cdot u_i$

则差分放大器的电压放大倍数为

$$A_{vo} = u_o/u_i = A_v \cdot u_i/u_i = A_v$$

可见,它的放大倍数与单级放大电路相同。可以认为,差分放大电路多用了一只三极管及其相应元件以换取对零点漂移的抑制。

②对共模信号的抑制作用

差分放大器之所以能够有效地抑制零漂,关键是因为它的左右电路完全对称。比如,当温度升高时,T_1 的 I_{c1} 增大,T_2 的 I_{c2} 也同样增大,两管的集电极电流增量相等,即 $\Delta I_{c1} = \Delta I_{c2}$,使集电极电压变化量相等,$\Delta u_{c1} = \Delta u_{c2}$,使输出电压变化量 $\Delta u_o = \Delta u_{c1} - \Delta u_{c2} = 0$,电路有效地抑制了温度变化带来的零漂;当电源电压升高时,使 T_1、T_2 的 u_{c1} 与 u_{c2} 都增加,且增量相同,仍有 $\Delta u_o = \Delta u_{c1} - \Delta u_{c2} = 0$,因此,差分放大器能有效地抑制零漂。

电路产生的零点漂移折算到输入端时,相当于在三极管 T_1 和 T_2 的输入端加上大小相等、极性相同的输入漂移电压。通常把这种大小相等、极性相同的输入信号称为共模信号。以上分析的温度或电源波动所引起的零漂电压,相当于在差分放大器的输入端引入了共模信号。

③共模抑制比

差分放大器的优良性能在于能有效地放大差模信号,又能很好地抑制共模信号。差模信号放大倍数越大,对共模信号的放大倍数越小,电路的性能就越好。通常把差模放大倍数 A_{vd} 与共模放大倍数 A_{vc} 的比值称为共模抑制比,用 KCMR 表示。

$$KCMR = A_{vd}/A_{vc}$$

KCMR 是衡量差模放大电路质量优劣的重要指标。当电路完全对称时,共模放大倍数为零,则共模抑制比为无穷大。

二、集成运算放大器的基础知识

集成运算放大器是由多个分立元件以及它们的连接导线制作在一个半导体芯片上,引出多个引脚,再加以封装作为一个器件使用。它最初主要用于电信号的数值运算,故称为集成运算放大器,简称"集成运放"或"运放"。随着电子技术的发展和完善,集成运放的性能不断提高,集成运放已广泛应用于信号的产生、变换以及处理电路中。

1.集成运放的电路组成及符号

(1)电路组成

集成运放电路主要由输入级、中间级、输出级和偏置电路 4 部分组成。如图 3-65 所示。

其各部分作用如下:输入级通常由能够抑制零漂的差分放大电路组成;中间级由电压放大电路组成;输出级由三极管射级输出器互补电路组成。偏置电路负责为各级放大电路提供合适的静态工作点。

(2)图形符号

集成运放的电路符号如图 3-66 所示。它有两个输入端,分别为同相输入端和反相输入端,用"+"和"-"表示,也可以表示成"U_P"和"U_N"。有一个输出端,用"U_o"表示。

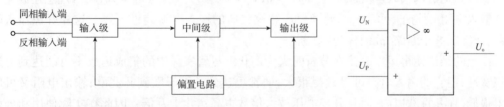

图 3-65　集成运算放大器的组成　　　　图 3-66　集成运放的图形符号

当输入信号接在同相端时,输出信号与输入信号同相;当输入信号接在反相端时,输出信号与输入信号反相。电路符号中的 ∞ 表示该放大器的开环状态理想放大倍数为无穷大。图中的三角形表示放大器,它所指的方向为信号传输方向。

2.集成运放的主要参数

(1)开环差模电压放大倍数 A_{vd}

它是指运放在没有接入反馈时的放大倍数,也称开环增益,记作 A_{vd}。

(2)共模抑制比 KCMR

它是指电路在开环状态下,差模放大倍数 A_{vd} 与共模放大倍数 A_{vc} 之比,即 $KCMR = A_{vd}/A_{vc}$,KCMR 的值越大,表明运算放大器的性能越好。

(3)差模输入电阻 r_{id}

它是指在运放开环状态下输入差模信号时的输入电阻,是从两输入端看进去的交流等效电阻。r_{id}越大,运放对信号源的影响越小,运算精度越高。

(4)输出电阻r_o。

它是指运放在开环状态下从输出端对地之间看进去的等效电阻。r_o越小,表明运放带负载能力越强。

(5)输出峰—峰值电压U_{opp}

它是指运放处于空载时,在一定的电源电压下输出的最大不失真电压的峰嘲峰值,也称为输出电压动态范围。

除了以上参数以外,还有温度漂移、输入失调电压、输入失调电流、转换速率等参数,在此不再赘述。

3. 理想集成运放

在分析和运用集成运放之前,应该首先了解理想运放应具备的条件。一个理想的集成运放应具备以下条件:

①开环电压放大倍数$A_{vd} = \infty$。

②输入电阻$r_{id} = \infty$。

③输出电阻$r_o = 0$。

④共模抑制比$KCMR = \infty$。

根据以上理想条件,可以得到如下结论:

①运放的两个输入端电位差趋于零,即$u_P = u_N$。因为理想运放的开环放大倍数趋于无穷大,而输出电压是一个有限值,所以输入电压$u_P - u_N$趋于0,便有$u_P = u_N$。这样N点和P点同电位,相当于短路,而实际并未短路,因此常常称作"虚短"。

②理想运放的输入电流趋于零,即$I_i = 0 (I_+ = I_- = 0)$。因为$u_P = u_N$,又因理想运放输入端的输入电阻r_{id}趋于无穷大,因此理想运算放大器的输入电流趋近于零。这样好像输入端断路,而实际并未断路,故而称为"虚断"。

以上的结论使得运放电路在分析时大为简化。尽管实际中的集成运放不可能达到上述理想特性,但它的输入电阻可以做得很大,通常可达到几百千欧到几兆欧;输出电阻又可以做得很低,在几百欧以内;而且开环电压放大倍数也高达几十万倍。因此在实际使用和分析运放电路时,可以近似把它看成"理想运算放大器"。

三、集成运放的应用电路

在集成运放的外围接入适当的反馈网络,便可以组成多种不同功能的电路。在此仅介绍几种颇为典型的应用电路。

1. 反相比例放大器

图3-67a)所示为反相比例运算放大器。输入电压u_i经R_1接到运放的反相输入端,同相输入端经R_2接地,在电路的输出端与反相输入端之间接有反馈电阻R_f。

根据理想运放的两个重要结论,即"虚短"和"虚断"($u_N = u_P, I_i = 0$),由图可知$u_P = 0$,所以N点与P点同电位,即与地等电位,而实际并未真正接地,这种现象称为"虚地"。"虚地"是反相输入运放的一个重要特点,因此我们可以将原电路等效成如图3-67b)所示的电路。

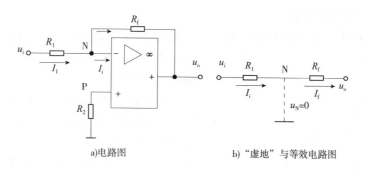

a)电路图　　　　　　　b)"虚地"与等效电路图

图 3-67　反相比例运算放大器

从图中可以看出,$I_1 = u_i/R_1$,$I_f = -u_o/R_f$,因 $I_1 = I_f$,便有 $u_i/R_1 = -v_o/R_f$,所以 $u_o = -(R_f/R_1)u_i$,不难推出其闭环电压放大倍数为:

$$A_{vf} = \frac{u_o}{u_i} = \frac{-R_f}{R_1}$$

通过上述公式可以看出:反相比例运算放大器的闭环放大倍数只与电路外接电阻有关,而与集成运放本身的参数无关;而且输出电压与输入电压大小成一定比例,极性相反。上述电路完成了对信号的反相比例运算,故而被称为反相比例运算放大器。

2. 同相比例运算放大器

图 3-68 所示为同相比例运算放大器。输入信号 u_i 接到放大器的同相输入端,输出电压从输出端取出,通过反馈电阻 R_f 与 R_1 加到反相输入端。

根据理想运放的两个重要结论,有 $u_N = u_P = u_i$,已知输入信号加到同相输入端,因此 $u_N \neq 0$,不存在"虚地"的概念。又因为 $I_1 = 0$,即 $I_i = 0$,所以 $I_1 = I_f$,于是有:$(u_o - u_N)/R_f = u_N/R_1$,即 $u_o = (1 + R_f/R_1)u_i$。

同样可得其闭环电压放大倍数为:

$$A_{vf} = u_o/u_i = 1 + R_f/R_1$$

从上式中可以看出,同相比例运算放大器的闭环放大倍数也是仅取决于外围电路的电阻值,而且输出电压和输入电压相位相同且成一定比例变化,故而称这种电路为同相比例运算放大器。

若令 $R_f = 0$ 或 R_1 端开路,此时 $A_{vf} = 1$,它无电压放大作用,$u_o = u_i$,该电路称为"电压跟随器",如图 3-69 所示。

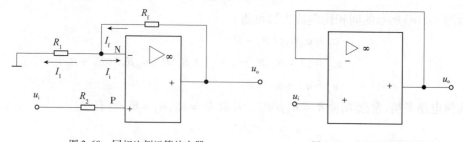

图 3-68　同相比例运算放大器　　　　　图 3-69　电压跟随器的符号

反相放大器和同相放大器是集成运放的最基本的运算电路,下面介绍的运算电路都是在这两种放大器的基础上演变而来的。

3. 加法运算电路(加法器)

只需在反相比例运算放大器的基础上增加几条输入支路,即可构成如图3-70所示的加法运算电路。各支路由对应的信号源和各自的输入电阻组成。

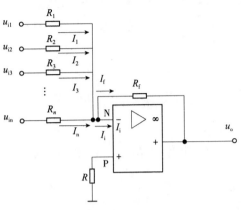

在虚地点 N,因为 $I_i = 0$,便有 $I_f = I_1 + I_2 + I_3 + \cdots + I_n$,即 $(0 - u_o)/R_f = u_{i1}/R_1 + u_{i2}/R_2 + u_{i3}/R_3 + \cdots + u_{in}/R_n$。

$$u_o = -R_f(u_{i1}/R_1 + u_{i2}/R_2 + u_{i3}/R_3 + \cdots + u_{in}/R_n)$$

如果令 $R_1 = R_2 = R_3 = \cdots = R_n = R$,则有:

$$u_o = -R_f/R(u_{i1} + u_{i2} + u_{i3} + \cdots + u_{in})$$

当 $R_f = R$ 时,则有:

$$u_o = -(u_{i1} + u_{i2} + u_{i3} + \cdots + u_{in})$$

图 3-70　加法运算电路

可以看出,输出电压等于输入电压之和,完成了加法运算。上式中的负号表示输出电压与输入电压反相,所以该电路又称为反相加法器。

4. 减法运算电路(减法器)

图3-71所示为减法运算电路,它可以完成对两个输入信号的差进行放大,即实现代数相减运算功能。

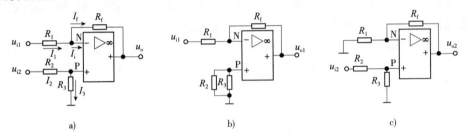

图 3-71　减法运算电路

设两个输入电压为 u_{i1} 和 u_{i2},该电路工作在线性状态,由叠加原理知,图3-70a)中 u_{i1} 和 u_{i2} 同时作用的结果可等效成图3-71b)、c)中 u_{i1} 和 u_{i2} 单独作用之和。

由图3-71b)所示的反相比例放大器可得:

$$u_{o1} = -(R_f/R_1)u_{i1}$$

由图3-71c)所示的同相比例放大器可得:

$$u_P = u_{i2}R_3/(R_2 + R_3)$$
$$u_{o2} = (1 + R_f/R_1)u_P = (1 + R_f/R_1)u_{i2}R_3/(R_2 + R_3)$$
$$u_o = u_{o1} + u_{o2}$$

为使电路平衡,常选 $R_1 /\!/ R_f = R_2 /\!/ R_3$。若取 $R_1 = R_2$,$R_3 = R_f$,则有:

$$u_o = -R_f/R_1(u_{i1} - u_{i2})。$$

该式说明电路的输出电压是与两个输入电压之差成比例的。再令 $R_f = R_1$,便有:

$$u_o = u_{i2} - u_{i1}$$

即电路完成了减法运算的功能。

5. 信号转换电路

信号转换一般是指电压、电流之间的转换,这种电路在自动检测系统中应用十分广泛。例如,在自动化仪表中需要将检测到的电压信号转换成电流,光电设备中需要将光电管或光电池输出的电流转换成电压等。这些信号的转换,都可用集成运放电路来完成。

（1）电压—电流变换器

电压—电流变换器的作用是将输入电压信号转换成输出电流信号,如图 3-72 所示。

输入电压 u_i 从反相端输入,R_1 为输入电阻,R_L 为负载电阻,R_2 是平衡电阻。由电路可得:$I_L = I_1 = u_i / R_1$。该式说明,负载电流 I_L 与输入电压成正比,而与负载电阻 R_L 无关,只要输入电压 u_i 恒定,输出电流 I_L 也就稳定不变。

（2）电流—电压变换器

图 3-73 所示为电流—电压变换器,在电路中,因 $I_i = 0$,所以有 $I_f = I_1 = I_S$,$u_o = -I_f R_f = -I_S R_f$,输出电压 u_o 与输入电流成 I_S 成比例。如果输入电流稳定,只要 R_f 值精确,则输出电压也是稳定的。

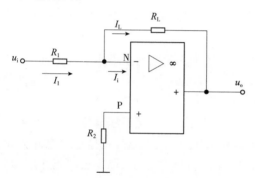

图 3-72　电压—电流变换器

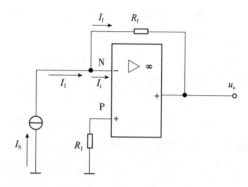

图 3-73　电流—电压变换器

四、集成运放的使用常识

1. 集成运放的保护措施

集成运放的电源电压接反或电源电压突变、输入电压过高、输出端过载或短路时,都可能造成运放的损坏,所以在使用中必须加保护电路。

（1）电源极性接反的保护

图 3-74 为电源极性接反的保护电路,图中两只二极管为保护二极管。利用二极管的单向导电性,电源极性正确时,它正常导通;一旦电源极性接反,二极管反偏截止,电源不通,从而保护了运放。应用时,二极管的反向工作电压必须高于电源电压。

（2）输入保护

当运放输入信号过强时,将可能损坏运放电路,图 3-75 为输入保护电路。利用二极管正

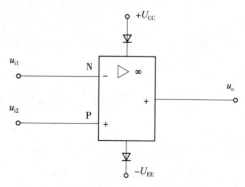

图 3-74　电源极性接反的保护电路

向导通时两端电压为 0.7V,以限制运放的信号输入幅度,无论信号电压极性是正是负,只要超过 0.7V,总有一只二极管正偏导通,从而保护了运放。

（3）输出保护

图 3-76 为运放输出保护电路。当输出端出现正向或负向过电压时,都将有一只稳压管导通,另一只稳压管反向击穿,从而将输出电压幅度稳定在安全范围内。

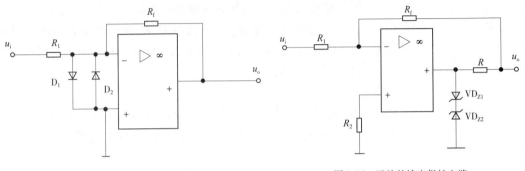

图 3-75 运放的输入保护电路   图 3-76 运放的输出保护电路

2. 集成运放常见的故障分析

集成运放在接好外电路并接通电源后,有时可能达不到预期的要求或不能正常工作,常见故障有以下几种情况。

（1）不能调零

不能调零是指将输入端对地短路使输入信号为零时,调整外接调零电位器,仍不能使输出电压为零。出现这种故障是输出电压处于极限状态,或接近正电源,或接近负电源。如果是开环调试,则属正常。当接成闭环后,若输出电压仍在某一极限值,调零也不起作用,则可能是接线错误,电路上有虚焊点或运放组件损坏。

（2）阻塞

阻塞故障现象是运放工作于闭环状态下,输出电压接近正电源或负电源极限值,不能调零,信号无法输入。其原因是输入信号过大或干扰信号过强,使运放内部的某些晶体管进入饱和或截止状态,有的电路从负反馈变成了正反馈。排除这种故障的方法是断开电源再重新接通或将两个输入端短接一下即能恢复正常。

（3）自激

因集成运放电压增益很高,容易引起自激,造成工作不稳定。其现象是当人体或金属物靠近它时,表现更为显著。产生自激的原因可能是 RC 补偿元件参数不恰当,输出端有容性负载或接线太长等。为消除自激,可重新调整 RC 补偿元件参数,加强正、负电源退耦或在反馈电阻两端并电容。

任务四 音频功放电路的安装与调试

知识目标

1. 加深理解互补推挽功率放大器的原理和对放大器性能进行测量。

2. 学会功率放大器的测量及调试方法。

3. 了解自举电路对改善互补对称功率放大器性能的影响。

技能目标

1. 制作 OTL 分立元件功放电路。
2. 学会用万用表调节电路的静态工作点。

学习准备

一、准备仪器和元器件

准备所用仪器和元器件:1 台模拟万用表,如图 3-77 所示;电烙铁,如图 3-78 所示;烙铁架,如图 3-79 所示;斜口钳,如图 3-80 所示;焊锡条,如图 3-81 所示;松香,如图 3-82 所示;镊子,如图 3-83 所示;PCB 板正反面,如图 3-84 所示。

图 3-77　模拟万用表

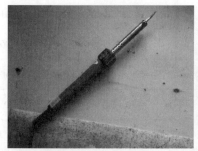

图 3-78　电烙铁

图 3-79　烙铁架

图 3-80　斜口钳

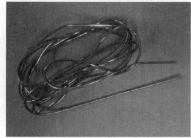

图 3-81　焊锡条

图 3-82　松香

图 3-83　镊子

a)PCB板正面

b)PCB板反面

图 3-84　PCB 板正反面

二、元件清单

元件清单见表3-18。

元件清单 表3-18

安装顺序	标　号	名　称	规　格	数　量
1	R_1	电阻	4.7kΩ	1
	R_2、R_4	电阻	199	2
	R_3	电阻	470	1
	D_1	二极管	IN4148	1
2	R_{P2}	可调电阻	20kΩ	1
	R_{P3}	可调电阻	1kΩ	1
3	Q_1、Q_3	NPN 型三极管	9013	2
	Q_2	PNP 型三极管	9012	1
	X_1、X_2、X_3	接线座	2 位	3
4	C_1	电解电容	4.7μF	1
	C_2、C_4、C_5、C_6	电解电容	100μF	4
	C_3	瓷片电容	101	1
	R_{P1}	音量电位器	2kΩ	1
		PCB 板	40mm×55mm	1

三、OTL 音频功放电路的基本原理

当电源4V 接在接线座 X_3,此时 OTL 电路处于待放大状态,把音乐输入接线座 X_1 时,在接线座 X_2 的喇叭就输出经过放大了的音乐声,调节音量电位器 R_{P1},可以把声音调节到合适的大小。原理图如图 3-85 所示。

四、OTL 音频功放电路的电路说明

Q_1 是激励放大管,它给功率放大输出级以足够的推动信号;R_1、R_{P2} 是 Q_1 的偏置电阻;R_3、D_1、R_{P3} 串联在 Q_1 集电极电路上,为 Q_3 提供偏置,使其静态时处于微导通状态,以消除交越失真;C_3 为消振电容,用于消除电路可能产生的自激;Q_2、Q_3 是互补对称推挽功率放大管,组成功率放大输出级;C_2、R_4 组成"自举电路",R_4 为限流电阻。

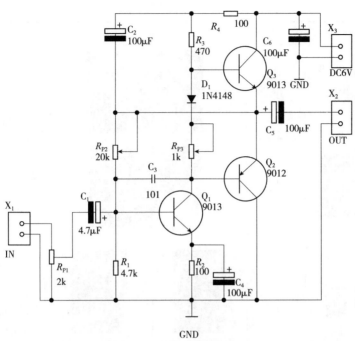

图 3-85　OTL 音频功放电路原理图

一、元器件识别与检测

元器件识别与检测见表 3-19。

元器件识别与检测

表 3-19

名称	外观识别	符号	测量现象	结果分析
电阻 4.7kΩ				用色环法识读其标称阻值。 4 条色环的电阻,第 1、2 位即 2 位有效数字色标,第 3 位是 10 的几次幂,第 4 位是误差值。 用万用表检测其实际阻值。注意:使用电阻挡测量时,每换一次挡位,都需要重新调一次零
电阻 100Ω				
电阻 470Ω				

名称	外观识别	符号	测量现象	结果分析
音量电位器				用万用表两只表笔,分别接在电位器中间的脚与其外的任意一脚,旋转电位器,指针会在0与标称值之间摆动
可调电阻				
电解电容 C	 1. 长脚是正极,短脚是负极。 2. 短脚引脚上有白边的是负极		1. 指针快速大幅度向右偏转　　2. 然后慢慢向原点返回 3. 最后到某一位置停止不动	用万用表 ×1k 挡,黑红表笔分别接电解电容的正负极两级,利用万用表内电池对电容进行充电。指针快速大幅度向右偏转,然后慢慢向原点返回,到某一位置停止不动
瓷片电容		⊣⊢		瓷片电容因为容量小,要用 ×10k 挡,指针指示轻微摆动一点点,就马上回到原点
三极管	 EBC 9012 正对有型号标识的一面,从左到右 EBC		 上黑中红　　中红下黑 两个电阻值(大小基本相等)都很小 同小	判断 B 极和管型: 1. 先用红表笔接某一引脚,黑表笔接另外两个引脚,测得两个电阻值。再将红表笔换接另一引脚,重复以上步骤,直至测得两个电阻值(大小基本相等)都很小或都很大(简称:同小同大)。这时候红表笔第一次所接的是 B 极

名称	外观识别	符号	测量现象	结果分析
三极管	 EBC 9012 正对有型号标识的一面,从左到右 EBC		 上红中黑　　中黑下红 两个电阻值(大小基本相等)都很大。相对上面所测都很大 同大 读数较小　　　读数较大 管脚对应的不是　管脚对应的就是 CE 极　　　　　CE 极	2.判断管型:若第一次测得的两个电阻值基本相等且都很小,则为 PNP 型管 (注意:模拟表红表笔输出的是负电) 模拟表置于 h_{fe} 挡位,将三极管三个管脚插入测量插孔,选择"P"列(P 为 PNP 型)。B 极不变,交换管脚,再判断 CE 极,显示读数较大的时候,对应的就是 CE 极
	 EBC 9013 正对有型号标识的一面,从左到右 EBC		 上黑中红　　　中红下黑 两个电阻值(大小基本相等)很大 同大 上红中黑　　　中黑下红 两个电阻值(大小基本相等)相对上面所测都很小 同小	判断 B 极和管型: 1.先用红表笔接某一引脚,黑表笔接另外两个引脚,测得两个电阻值。再将红表笔换接另一引脚,重复以上步骤,直至测得两个电阻值(大小基本相等)都很大或都很小(简称:同大同小),这时候红表笔第一次所接的是 B 极。 2.判断管型:若第一次测得的两个电阻值基本相等且都很大,则为 NPN 型管(注意:模拟表红表笔输出的是负电)

名称	外观识别	符号	测量现象	结果分析
三极管	EBC 9013 正对有型号标识的一面,从左到右 EBC	B ○ C ○ E	读数较小 管脚对应的不是 CE 极 读数较大 管脚对应的就是 CE 极	模拟表置于 h_{fe} 挡位,将三极管 3 个管脚插入测量插孔,选择"N"列(N 为 NPN 型)。B 极不变,交换管脚,再判断 C E 极,显示读数较大的时候,对应的就是 CE 极
IN4148				外观极性判断: 色带标志看极性,有黑色色带的一个极是负极,另一个极是正极。 测量并检测其质量的好坏:正向电阻与反向电阻值相差较大的,其质量性能比较优
接线座		○ ○		用万用表检测内部连接是否良好,万用表一只表笔接错底部的引脚,另一只表笔接触接线座顶部螺丝端,电阻值应该为零

二、OTL 放大电路的焊接

(1)焊接 4 个电阻和 1 个二极管,如图 3-86 所示。

(2)焊接 2 个可调电阻,如图 3-87 所示。

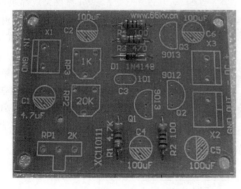

图 3-86　焊接电阻和二极管

图 3-87　焊接两个可调电阻

（3）焊接 3 个三极管和 3 个接线座，如图 3-88 所示。

（4）最后焊接 5 个电容和 1 个音量电位器，如图 3-89 所示。

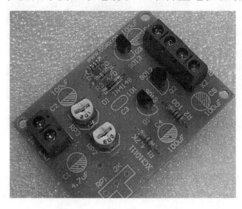

图 3-88 焊接三极管和接线座

图 3-89 焊接电容和音量电位器

三、调试音频功放电路

（1）接上 3～6V 直流电源（图中的为一块 9V 电池，但是电压只有 6V），调节 R_{P2}，使 Q_2、Q_3 中点电压为 1/2 电源电压。将红表笔接 Q_2 或者 Q_3 的 E 极，黑表笔接电源负极，把中点电压调节成 3V，如图 3-90 所示。

a)正面调节

b)反面调节

图 3-90 调节 Q_2、Q_3 的中点电压

（2）调节 R_{P3} 调节静态电流，使功放输出级静态电流为 5～8mA，方法把万用表调成直流电流挡 50mA，将万用表与喇叭串接在输出端，调节 R_{P3} 使输出静态电流为 5～8mA，如图 3-91 所示。

（3）反复调节 R_{P2}、R_{P3}，使其两个参数均达到上述值。最后用螺丝刀轻轻敲击 C_1 负极，喇叭会发出"嘟嘟"的声音，如图 3-92 所示。

四、常见故障及排除方法

常见故障及排除方法见表 3-20。

图 3-91　调节静态电流

图 3-92　螺丝刀轻轻敲击 C_1 负极

常见故障及排除方法　　　　　　　　　　　　　表 3-20

故　障	分　析　判　断	排　除　方　法
Q_2、Q_3 中点电压为 0V	电源是否接正确,正负极有没有接反	将电源接到正确的位置
Q_2、Q_3 中点电压不能调节	1. R_{P2}、R_{P3} 是否接好、是否虚焊假焊。 2. Q_2、Q_3 是否有烫手情况	1. R_{P2}、R_{P3} 重新焊。 2. Q_2、Q_3 重新测量好坏,烧毁更换
不能调节调节静态电流	1. 检查元件是否焊接在对应的位置。 2. 检查元件正负极有否错误。 3. 三极管的性质是否良好	1. 有虚焊假焊,重新焊接。 2. 重新焊接元件。 3. 更换三极管

 **任务评价**

项目	内　容	配分	考　核　要　求	扣　分　标　准	得分
工作态度	1. 工作的积极性。 2. 安全操作规程的遵守情况。 3. 纪律遵守情况和团结协作精神	30 分	工作过程积极参与,遵守安全操作规程和劳动纪律,有良好的职业道德、敬业精神及团结协作精神	1. 违反安全操作规程扣 30 分,其余不达要求酌情扣分。 2. 当实训过程中他人有困难能给予热情帮助则加 5 ~ 10 分	
任务要求	元器件插装工艺与排列	10 分	1. 元器件插装采用立式、贴紧 PCB 板安装。 2. 元器件插装位置、极性符合 PCB 板要求	1. 元器件安装倾斜、无紧贴 PCB 板,每处扣 1 分。 2. 插装位置、极性错误,每处扣 2 分	
	元件焊接	10 分	1. 元件脚挺直,垂直 PCB 板。 2. 元件之间要留有空隙,不可以触碰紧挨,有参数及标记的,以能够看见元件参数及标记为宜	1. 元件线弯曲、拱起,每处扣 2 分。 2. 元件之间触碰紧挨每处扣 2 分	

续上表

项目	内　容	配分	考　核　要　求	扣　分　标　准	得分
任务要求	焊接质量	10分	1. 按照焊接步骤,控制每次焊接的时间。 2.焊点上引脚不能过长,焊点均匀、光滑、一致,无毛刺,无假焊等现象焊点以圆锥形为好	1.有搭锡、假焊、虚焊、漏焊、焊盘脱落、桥接等现象,每处扣2分。 2.出现毛刺、焊料过多、焊料过少、焊接点不光滑、引线过长等现象,每处扣2分	
	电路测试	20分	1. 调节 R_{P2},使 Q_2、Q_3 中点电压为1/2电源电压。 2. 调节 R_{P3},使功放输出级静态电流为 $5\sim8mA$	1.不会看 PCB 板和电路图扣 $10\sim20$ 分。 2.不会使用万用表测各器件两端电压扣 $10\sim20$ 分	
操作结束	1. 工作台面工具摆放整齐。 2. 电烙铁拔插头断电	20分	1.工作台面工具排放整齐。 2.电烙铁断电	1.工作台面工具没有排放整齐扣 $10\sim20$ 分。 2.电烙铁没有断电 $3\sim10$ 分	
合计		100分			

注:各项配分扣完为止。

 知识拓展

一、低频功率放大电路基本要求及分类

1. 功率放大电路基本要求

(1)有足够大的输出功率。

(2)效率要高。

(3)非线性失真要小。

(4)功放管散热要好。

2. 放大电路分类

(1)按静态工作点设置分,主要有甲类、甲乙类、乙类。

(2)按耦合方式分,主要有阻容耦合、变压器耦合、直接耦合。

二、OTL、OCL 功率放大器

1. 无输出变压器的功率放大电路(OTL)

由于变压器自身体积大、消耗大,频率特性差,实际应用有局限性。目前广泛应用的是无输出变压器功率放大电路,即 OTL 功率放大电路,简称 OTL 功放电路。

(1)电路结构

图 3-93 是典型的 OTL 电路。图中,VT_1 为推动级(前置放大级),VT_2、VT_3 为两只导电类型不同、但参数一致的功放管。R_4 和 VD 为 VT_2、VT_3 设置合适的静态工作点,达到克服(或减小)交越失真的目的。R_1 和 R_2 是 VT_1 的偏置电阻,与 VT_2、VT_3 的射极相连,电位器 R_1 还兼起交直流负反馈作用(稳定工作点和放大倍数),调节电位器 R_1 可以改变"中点电

压"（两功放管发射极的连接点 A，称为"中点"，该点直流电位约为电源电压的一半）。C_2、R_6 组成"自举电路"，作用是改善输出波形。输入耦合电容 C_1 和输出耦合电容 C_4 起隔直流通交流的作用，另外输出耦合电容 C_4 两端由于充电而有直流电压 U_c（等于 E_c 的一半，且左端为正，右端为负），因此还是 VT_3 管的直流电源。

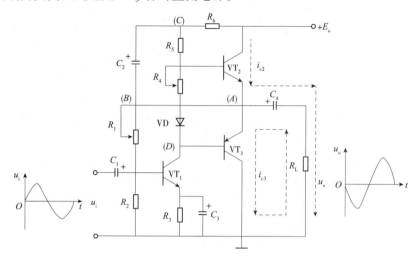

图 3-93　典型的 OTL 电路

（2）工作原理

在输入信号 u_i 的正半周，VT_1 输出负极信号，使点 C、D 电位下降。此时，VT_2 反偏截止，VT_3 正偏导通，VT_3 的直流电源由 C_4 提供，信号经 VT_3 放大后形成信号电流 i_{c3}，并在 R_L 的两端产生负半轴输出信号电压 u_o。

在输入信号 u_i 的负半轴，VT_1 输出正极性信号，使点 C、D 电位上升。此时，VT_2 正偏导通，VT_3 反偏截止，信号经 VT_2 放大后形成信号电源 i_{c2}，直流电源经 VT_2 向 C_4 充电，并在 R_L 两端产生正半周输出信号电压 u。

（3）电路输出功率与效率

电路的最大输出功率为：

$$P_{om} = \frac{1}{2} \frac{\left(\frac{1}{2}E_c\right)^2}{R_L} = \frac{1}{8}\frac{E_c^2}{R_L}$$

电路的最大理想效率可达到 78.5%。

2. 无输出电容直接耦合的 OCL 功放电路

OCL 是 OTL 电路的升级，优点是省去了输出电容，使系统的低频响应更加平滑。缺点是必须用双电源供电，增加了电源的复杂性。

（1）电路结构

准互补 OCL 功率放大电路由前置放大级、中间放大级和输出级组成，如图 3-94 所示。图中，VT_1、VT_2 和 VT_3 等元件构成恒流源差动放大电路，作为前置放大级，除了对输入信号进行放大外，还是温度补偿和抑制零漂的作用；VT_4、VT_5 等元件构成中间放大级，其中 VT_4 为共发射极电路，VT_5 是恒流源作为 VT_4 的负载，使 VT_4 的输出幅度得以提升；输出级由 VT_7

至 VT_{10} 等元件组成互补 OCL 功放电路，电阻 $R_{11} - R_{14}$ 可使电路稳定；电路采用正、负两组直流电源供电；由 VT_6、R_8 和 R_9 组成 UBE 倍增电路，为功效复合管提供微弱的正偏电压，以消除交越失真。

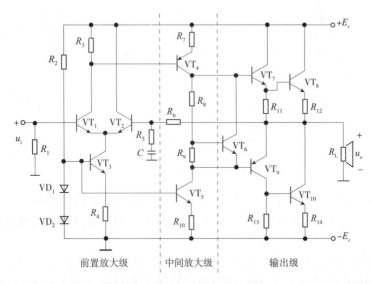

前置放大级　中间放大级　输出级

图 3-94　准互补 OCL 功率放大电路

（2）工作原理

当输入信号为正半周 $u_i > 0$ 时，信号经差动管 VT_1 倒相（集电极为 $-$）$\rightarrow VT_4$（集电极为 $+$）$\rightarrow$ VT_7、VT_8 导通，VT_9、VT_{10} 截止，VT_8 管的射极电流 i_e 自上而下流过负载，在 R_L 上形成正半周输出电压 $u_o > 0$。

在输入信号为负半周 $u_i < 0$ 时，信号经差动管 VT_1 倒相（集电极为 $+$）$\rightarrow VT_4$（集电极 $-$）$\rightarrow$ VT_9 与 VT_{10} 导通，VT_7 与 VT_8 截止，VT_{10} 管的射极电流 i_e 自下而上流过负载，在 R_L 上形成负半周输出电压 $u_o < 0$。

（3）电路输出功率与效率

电路的最大输出功率为：

$$P_{om} \approx \frac{1}{2} \cdot \frac{E_c^2}{R_L}$$

电路的最大理想效率可达到 78.5%。

三、低频功率放大器的应用

目前，集成功率放大器已大量涌现，其内部电路一半均为 OTL 或 OCL 电路，集成功率放大器除了具有分立元件 OTL 或 OCL 电路的优点外，还具有体积小、工作稳定可靠、使用方便等优点，因而获得了广泛的应用。低频集成功放的种类很多，LM386 就是一种小功率音频放大集成电路。该电路功耗低、允许的电源电压范围宽、通频宽带、外接元件少，广泛用于收录机、对讲机、电视伴音等系统中，其内部电路如图 3-95a）所示，管脚排列如图 3-95b）所示。LM386 内部电路由输入级、中间级和输出级 3 部分组成。

输入级是由 $T_1 \sim T_6$ 组成的有源负载单端输出差动放大器，其中 T_5、T_6 构成镜像电流源用于差放的有源负载,以提高单端输出时差动放大器的放大倍数。

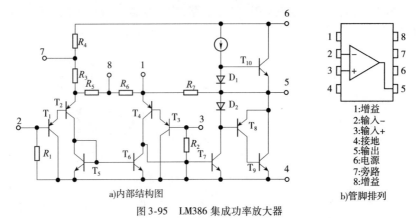

图 3-95　LM386 集成功率放大器

中间级是由 T_7 构成的共射放大器,也采用恒流源作负载以提高增益。

输出级是由 $T_8 \sim T_{10}$ 组成的准互补推挽功放,其中 D_1、D_2 组成功放的偏置电路以消除交越失真。

用 LM386 作单片收音机的电路如图 3-96 所示。图中 L、C 组成调谐回路,用于选择要收听的电台信号;C 为耦合电容,将电台高频信号送至 LM386 的同相输入端;由 LM386 进行检波及功率放大,放大后信号由第 5 脚输出推动扬声器发声。电位器 R 用来调节功率放大的增益,即可调节扬声器的音量大小。当 R 值调至最小时,电路增益最大,故扬声器的音量大。R、C 构成串联补偿网络,与呈感性的负载(扬声器)相并,最终使等效负载近似呈纯阻,以防止高频自激和过压现象。C 为去耦电容,用以提高纹波抑制能力,消除低频自激。

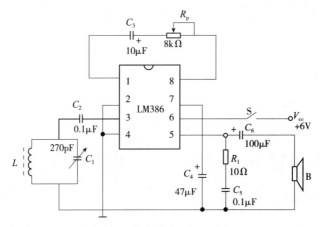

图 3-96　用 LM386 做单片收音机

复习思考题

一、选择题

1. 为了使三极管可靠地截止,电路必须满足(　　　)。

　　A. 发射结正偏,集电结反偏　　　　　　　　B. 发射结反偏,集电结正偏

C. 发射结和集电结都正偏　　　　　　D. 发射结和集电结都反偏

2. 工作在放大区域的某三极管，当 I_B 从 20μA 增大到 40μA 时，I_C 从 1mA 变为 2mA 则它的 $β$ 值约为(　　)。

　　A. 10　　　　　　B. 50　　　　　　C. 80　　　　　　D. 100

3. 三极管各极对公共端电位如下图所示，则处于放大状态的硅三极管是(　　)。

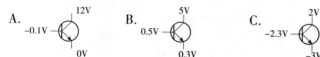

4. 某单管共射放大电路在处于放大状态时，3 个电极 A、B、C 对地的电位分别是 $U_A = 2.3V$，$U_B = 3V$，$U_C = 0V$，则此三极管是(　　)。

　　A. PNP 硅管　　　B. NPN 硅管　　　C. PNP 锗管　　　D. NPN 锗管

5. 用直流电压表测得放大电路中某晶体管电极 1、2、3 的电位各为 $V_1 = 2V$，$V_2 = 6V$，$V_3 = 2.7V$，则(　　)。

　　A. 1 为 e，2 为 b，3 为 c　　　　　　B. 1 为 e，3 为 b，2 为 c

　　C. 2 为 e，1 为 b，3 为 c　　　　　　D. 3 为 e，1 为 b，2 为 c

6. 在三极管构成的 3 种放大电路中，没有电压放大作用但有电流放大作用的是(　　)。

　　A. 共集电极接法　　B. 共基极接法　　C. 共发射极接法　　D. 以上都不是

7. 在多级放大电路中，经常射极输出器作为(　　)。

　　A. 输入级　　　　　B. 中间级　　　　　C. 输出级　　　　　D. 输入级和输出级

8. 多级放大电路的总放大倍数是各级放大倍数的(　　)。

　　A. 和　　　　　　B. 差　　　　　　C. 积　　　　　　D. 商

9. 在下面 3 个电路中，能够实现 $u_o = -u_i$ 运算关系的电路是(　　)。

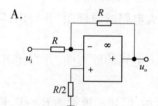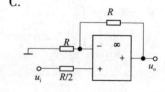

10. 图 3-97 所示为(　　)。

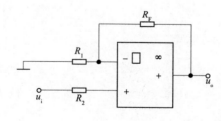

图 3-97

　　A. 加法运算电路　　　　　　　　　B. 反相积分运算电路

　　C. 同相比例运算电路　　　　　　　D. 反相比例运算电路

二、判断题

1. 当 NPN 型三极管工作在截止状态时,3 个电极中电位最高的是发射极。 （　　）

2. 三极管具有电压放大作用。 （　　）

3. 在图 3-98 中,改变电阻 R_1 可以改变输出电压 u_o 的大小。 （　　）

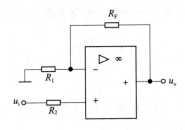

图　3-98

4. 三极管的输入特性是指在 U_{CE} 一定时,U_{BE} 和 I_B 的关系。 （　　）

5. 三极管的输入特性是指在 I_B 一定时,U_{CE} 和 I_C 的关系。 （　　）

6. 共射极放大电路的输入电阻较大而输出电阻较小。 （　　）

7. 多级放大器的输入电阻等于各级输入电阻之和。 （　　）

8. 多级放大器的输出电阻等于末级的输出电阻。 （　　）

9. 分压式偏置放大电路能获得更稳定的静态工作点,因为这种电路可以使静态工作点几乎不受三极管参数的影响。 （　　）

三、简答题

1. 图 3-99 中各管均为硅管,试判断其工作状态。

2. 如何判断 NPN 和 PNP 型三极管的工作状态?

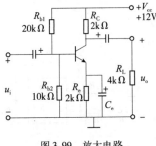

图 3-99　放大电路

3. 画出 UA741 集成运算放大器的管脚图,并标出各管脚名称。

4. 画出同相比例运算放大电路的原理图,并写出其输出电压与输入电压的关系式。

5. 画出反相比例运算放大电路的原理图,并写出其输出电压与输入电压的关系式。

6. 放大电路如图 3-99 所示,已知三极管的 $\beta = 40$,$V_{BEQ} = 0.7V$。试估算静态工作点 I_{CQ}、I_{BQ}、V_{CEQ}。

项目四 组装声光控楼道灯

【项目导入】

声光控楼道灯是一种声光控电子照明装置,它能避免烦琐的人工开灯,同时具有自动延时熄灭的功能,更加节能,且无机械触点、无火花、寿命长,广泛应用于各种建筑的楼梯过道、洗手间等公共场所,图4-1所示为各种声光控灯。

a)LED吸顶声光控厨卫灯

b)声光控楼道小夜灯

c)LED声光控地脚灯

d)声光控床头灯

图4-1 各种声光控灯

通过对"声光控楼道灯"的组装、调试与制作,掌握"声光控楼道灯"的工作原理,提高元器件识别、测试及整机装配、调试的技能,增强综合实践能力。

任务一 识别和检测晶闸管

知识目标

1. 了解晶闸管的结构、电路符号、管脚及伏安特性。
2. 理解和掌握晶闸管的原理和测试方法。

3.掌握晶闸管导通与关断条件。

4.了解单相桥式整流电路的工作原理。

 **技能目标**

1.认识各种晶闸管。

2.能用万用表判别晶闸管管脚和好坏。

3.验证晶闸管的导通条件及关断方法。

4.了解单相半控/全控整流电路及其调压方法。

 学习准备

准备所用仪器和元器件如下：

(1)模拟万用表,如图4-2所示。

(2)可调直流电源,如图4-3所示。

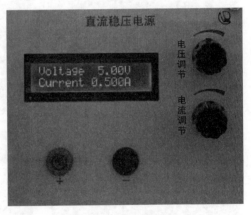

图4-2　模拟万用表　　　　　图4-3　可调直流电源

(3)示波器,如图4-4所示。

(4)电力电子技术试验装置,如图4-5所示。

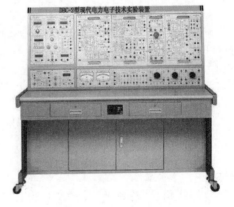

图4-4　示波器　　　　　图4-5　电力电子技术试验装置

（5）面包板套件，如图 4-6 所示。

（6）普通晶闸管，如图 4-7 所示。

图 4-6 面包板套件

图 4-7 普通晶闸管

 任务实施

一、用万用表测试晶闸管的三个电极及好坏判别

1. 用万用表判断晶闸管三个电极的极性

普通晶闸管的三个电极可以用万用表欧姆挡 R×1k 挡位来测。晶闸管 G、K 之间是一个 PN 结，相当于一个二极管，G 为正极、K 为负极。

（1）挡位选择

将模拟万用表置于 R×1k（或 R×100）。

（2）测试结果分析（表 4-1）

三极管测试步骤及结果分析 表 4-1

步 骤	测 量 现 象	结 果 分 析
①选择三个极中的任意两个极，测它们的正向电阻		电阻无穷大
②测它的反向电阻		如电阻无穷大，则重新选择两个极进行测量。 如电阻小，则万用表黑表笔接的是控制极 G，红表笔接的是阴极 K，剩下的一个就是阳极 A

2. 用万用表判断晶闸管好坏

（1）挡位选择

将模拟万用表置于 R×1k（或 R×100）。

（2）测试结果分析（表4-2）

晶闸管测试步骤及结果分析   表4-2

步　　骤	测　量　现　象	结　果　分　析
将黑表笔接阳极 A，红表笔接阴极 K。用导线短接阳极 A 和控制极 G	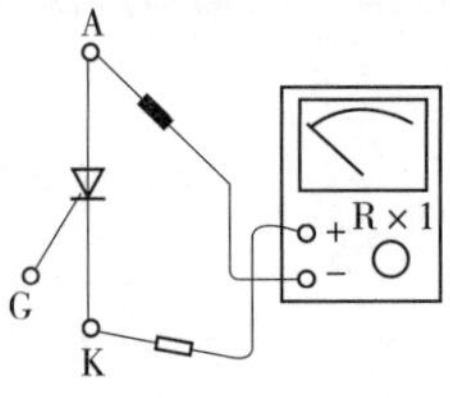 万用表指针不动 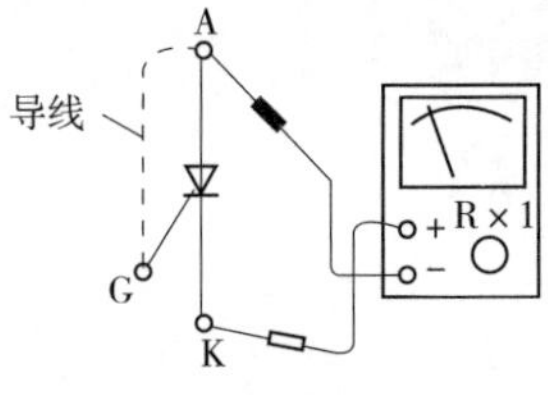　　　万用表指针右偏	晶闸管正常
将黑表笔接阳极 A，红表笔接阴极 K。用导线短接阳极 A 和控制极 G	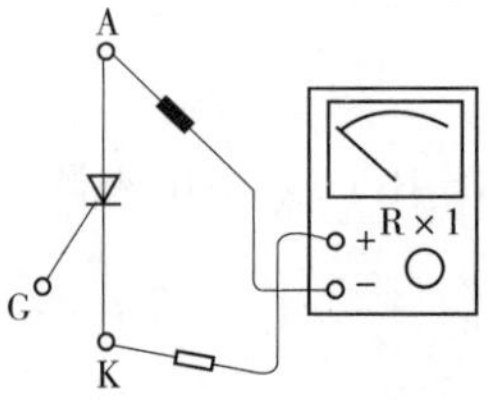 万用表指针不动 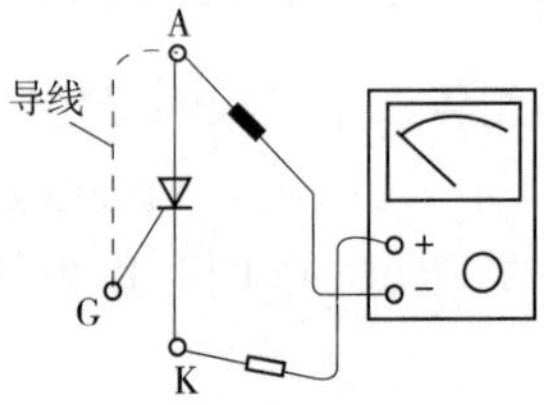　　　万用表指针不动	晶闸管开路，损坏
	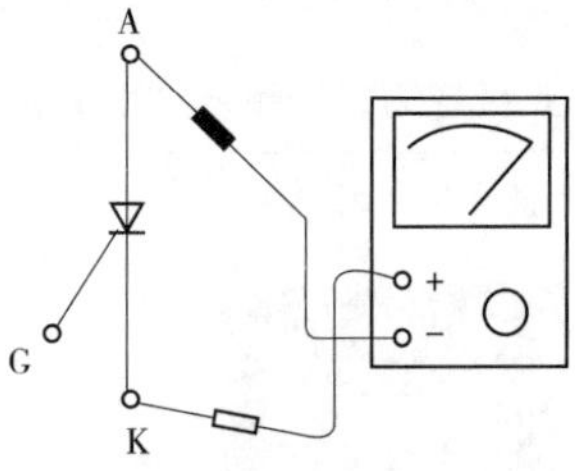 万用表指针右偏到 0	晶闸管击穿短路，损坏

二、单向晶闸管的通断测试

由于晶闸管是 PNPN 四层结构，具有三个 PN 结，因此它的工作原理和特性与整流二极管不同。为了了解晶闸管的导通和关断的条件，我们通过一个实验来观察与分析晶闸管导通和关断现象及其规律。见表4-3。

晶闸管通断实验   表4-3

步　　骤	线路连接图示	现象	结　果　分　析
（1）反向阻断	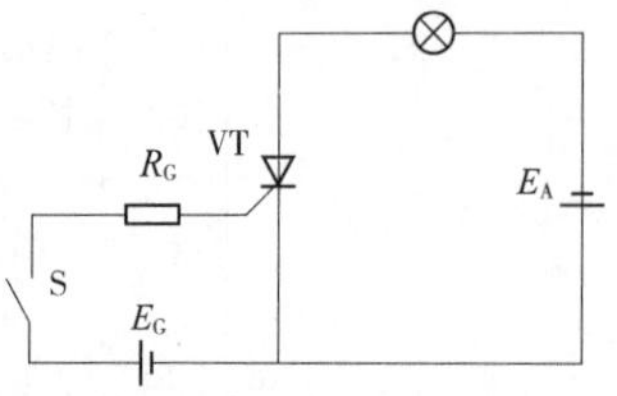	灯不亮	晶闸管反向偏置，无论是否给控制极加电压，都无法使晶闸管导通，灯泡不发光

续上表

步　　骤	线路连接图示	现象	结　果　分　析
（2）正向阻断	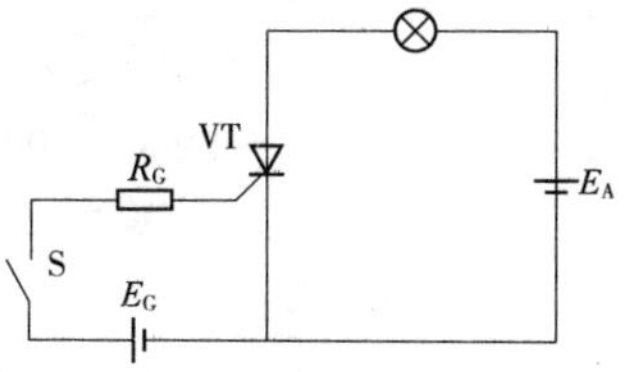	灯不亮	晶闸管加正向偏置电压,阳极 A 接高电位,阴极 K 接低电位,但控制极 G 没有接任何电压,晶闸管仍然处于关断状态,灯泡不发光
（3）触发导通	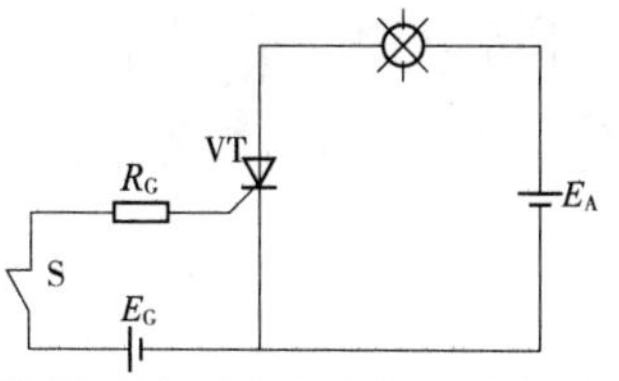	灯亮	在晶闸管加正向偏置电压的基础上,给控制极 G 加一个幅度和宽度都足够大的正电压,此时晶闸管导通,灯泡发光
（4）断开触发信号	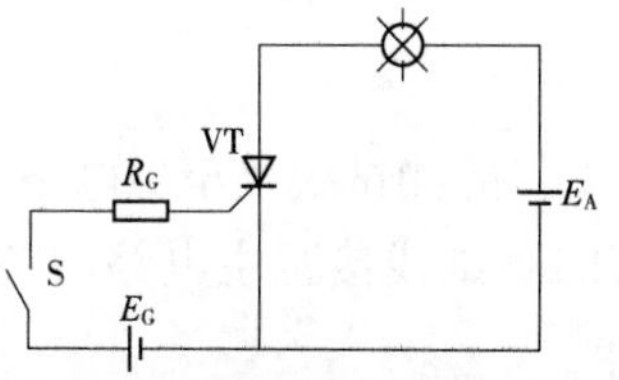	灯亮	在晶闸管导通后若去掉控制极电压,晶闸管仍然维持导通状态,灯泡仍然发光

　　从上述实验可以看出,晶闸管和整流二极管一样具有单向导电性,电流只能从阳极流向阴极,但晶闸管又不同于整流二极管,它还具有正向导通的可控性。只有晶闸管阳极和阴极间加上正向电压,同时控制极和阴极间加上适当的正向控制极电压和电流,晶闸管才能导通。

　　综上所述,晶闸管的导通条件为:晶闸管的阳极 A 和阴极 K 间加上正向阳极电压,同时晶闸管的控制极 G 和阴极 K 间加上适当足够的正向电压和电流。

　　小提示:晶闸管导通后,若阳极电流小于某个很小的电流 I_H(称为维持电流)时,晶闸管也会由导通变为截止,一旦晶闸管截止,必须重新触发才能再次导能。

三、晶闸管的单相桥式整流测试

　　在单相可控整流电路中应用较为广泛的是单相桥式半控整流电路和单相桥式全控整流电路。

1. 单相半波可控整流电路

　　用晶闸管代替单相半波整流电路中的二极管,就可以得到单相半波可控整流电路。电路图如图 4-8 所示。

　　（1）在实验箱没有接通电源时,按图 4-9 所示将所有线连接上,并检查线连接是否正确。用一字螺丝刀将实验箱左上部给定部分的 RP 逆时针调到底,开关拨至正给定;将 TCA785 触发电路中的电位器 RP 旋钮顺时针调节到底,然后接通电源。

　　（2）观察接入纯电阻负载(灯泡)时输出电压、晶闸管的端电压的波形。

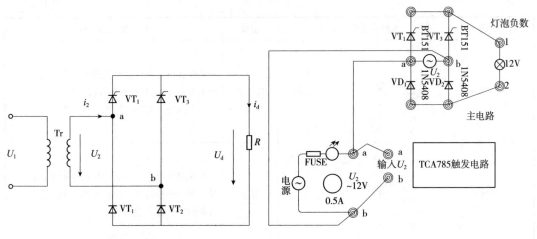

图4-8 单相桥式半控带电阻性负载电路图　　　图4-9 单相桥式半控整流电路接线图

①主电路接入灯泡负载。

②将示波器1通道探头的地线接至主电路的"2"端,测试线接至主电路 VT_1 的阴极(VT_1 的端电压 $-U_{V_{T1}}$,正方向由阳极指向阴极),2通道的测试线接至主电路的"2"端(输入电压 U_2)。

③调节 U_g ,使 $\alpha=90°$ 左右。表4-4记录输入电压 U_2 、晶闸管 VT_1 的端电压 $U_{V_{T1}}$ 和输出电压 U_o 的波形。

单相桥式半控整流电路波形图　　　　　　　　　　　　　　　　　　　　表4-4

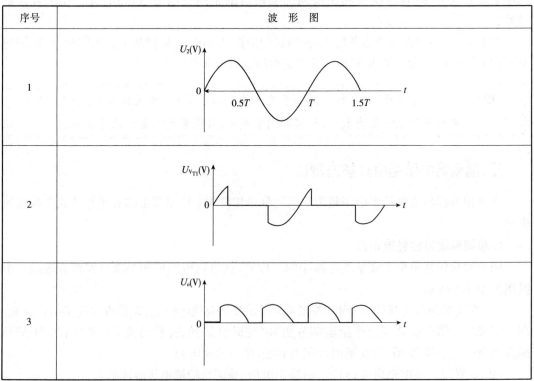

序号	波 形 图
1	
2	
3	

2. 单相全波可控整流电路

把单相桥式整流二极管都换成晶闸管,电路就成了单相桥式全控整流电路,简称"全控桥"。电路图如图4-10所示。

(1)在实验箱没有接通电源时,按图4-11将所有线连接上,并检查线连接是否正确。用一字螺丝刀将实验箱左上部给定部分的RP逆时针调到底,开关拨至正给定;将TCA785触发电路中的电位器RP旋钮顺时针调节到底,然后接通电源。

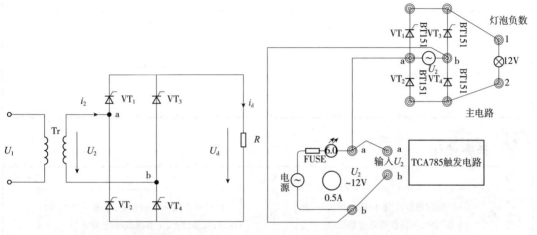

图4-10　单相桥式全控带电阻性负载电路图　　　图4-11　单相桥式全控接线图

(2)观察接入纯电阻负载(灯泡)时输出电压、晶闸管的端电压的波形。

①主电路接入灯泡负载。

②将示波器1通道探头的地线接至主电路的"2"端,测试线接至主电路VT_1的阴极(VT_1的端电压 $-U_{VT_1}$,正方向由阳极指向阴极),2通道的测试线接至主电路的"2"端(输入电压U_2)。

③调节U_g,使$\alpha = 90°$左右。记录输入电压U_2、晶闸管VT_1的端电压U_{VT_1}、晶闸管VT4端电压U_{VT_4}和输出电压U_o的波形,并填入表4-5中。

单相桥式全控电路波形图 表4-5

序号	波　形　图
1	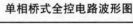
2	

序号	波 形 图
3	
4	$U_o(V)$

任务评价

项　目	考核内容及要求	配分	评 分 标 准	得分
安全文明生产	操作规范,注意操作过程人身、设备安全,并注意遵守劳动纪律	10 分	损坏仪器仪表该项扣完;桌面不整洁,扣5 分;仪器仪表、工具摆放凌乱,扣5 分	
元件识别	认识晶闸管外形,通过外观判断晶闸管的管脚极性。用万用表检测晶闸管并判别晶闸管好坏	10 分	管脚判断错误扣 5 分;好坏判别错误扣5 分	
电路接线	正确使用电力电子技术实验台,按照电路图接线	25 分	接线错误,每处扣 5 分	
测量波形	正确使用示波器测量波形,波形正确且清晰	35 分	波形模糊不清晰,每个波形扣 2 分;波形错误,每个波形扣 5 分;不会使用示波器,该项扣完	
绘制波形图	正确绘制波形图,完成实验报告	20 分	波形图绘制错误,每处扣 5 分。工作任务报告内容欠完整,酌情扣分。工作报告卷面欠整洁,酌情扣分	
合计		100 分		

注:各项配分扣完为止。

知识拓展

一、普通晶闸管的基本结构、符号、引脚排列及工作特性

1. 基本结构、符号和引脚排列

晶闸管由三个 PN 结、四层半导体材料组成。其基本结构、符号及等效电路如图 4-12 所示。

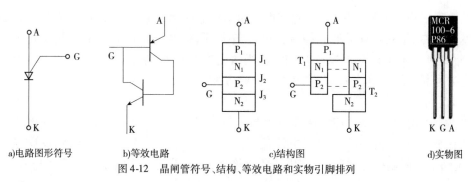

a)电路图形符号　　　　b)等效电路　　　　　c)结构图　　　　　d)实物图

图 4-12　晶闸管符号、结构、等效电路和实物引脚排列

晶闸管的三个电极分别为阳极(A)、阴极(K)和控制极(也称为门极)(G)。三个 PN 结分别为 J_1、J_2 和 J_3,可以把它中间的 NP 分成两部分,构成一个 PNP 型三极管和一个 NPN 型三极管的复合管。当晶闸管承受正向阳极电压时,为使晶闸管导通,必须使承受反向电压的 PN 结 J_2 失去阻挡作用。每个晶体管的集电极电流同时就是另一个晶体管的基极电流。因此是两个互相复合的晶体管电路,当有足够的门极电流 I_g 流入时,就会形成强烈的正反馈,造成两晶体管饱和导通。

2. 伏安特性

晶闸管的伏安特性是以阴极 K 为参考点,阳极 A 与阴极 K 间的阳极电压 U_A 和阳极电流 I_A 之间的关系。晶闸管的伏安特性曲线如图 4-13 所示。

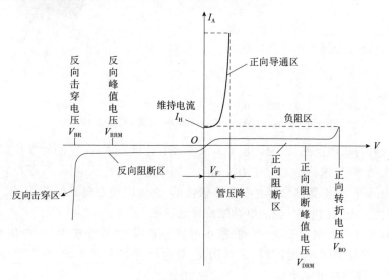

图 4-13　晶闸管的伏安特性曲线

(1)正向特性

晶闸管的正向特性有阻断状态和导通状态之分。

在控制极电流 $I_G = 0$ 情况下,逐渐增大晶闸管的正向阳极电压,这时晶闸管处于正向阻断状态,只有很小的正向漏电流;随着正向阳极电压的增加,当达到临界极限即正向转折电压 U_{BO} 时,漏电流突然剧增,特性从正向阻断状态变为正向导通状态。

导通状态时的晶闸管状态和二极管的正向特性相仿,即流过较大的阳极电流,而晶闸管

133

本身的压降很小。正常工作时,不允许把正向阳极电压增加到转折值 U_{BO},而是从控制极输入触发电流 I_G,使晶闸管导通。控制极电流越大,阳极电压转折点越低。晶闸管正向导通后,要使晶闸管恢复阻断,只有逐步减少阳极电流。当 I_A 小到等于维持电流 I_H 时,晶闸管由导通变为阻断。维持电流 I_H 是维持晶闸管导通所需的最小电流。

(2)反向特性

晶闸管上施加反向电压时,伏安特性与一般二极管的反向特性相似。当晶闸管处于反向阻断状态时,只有极小的反向漏电流流过。当反向电压超过一定限度,到反向击穿电压后,外电路如无限制措施,则反向漏电流急剧增加,造成晶闸管的损坏。

二、双向晶闸管的特点和应用

双向晶闸管(TRIAC)是由 NPNPN 五层半导体材料构成的,相当于两只普通晶闸管反相并联,它也有三个电极,分别是主电极 T_1、主电极 T_2 和控制极(门极)G。图 4-14 是双向晶闸管的结构、等效电路、电路图形符号和实物图。

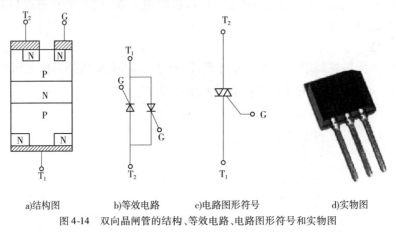

a)结构图　　　b)等效电路　　　c)电路图形符号　　　d)实物图

图 4-14　双向晶闸管的结构、等效电路、电路图形符号和实物图

双向晶闸管与单向晶闸管一样,也具有触发控制特性。不过,它的触发控制特性与单向晶闸管有很大的不同,这就是无论在阳极和阴极间接任何极性的电压,只要在它的控制极上加上一个触发脉冲,也不管这个脉冲是什么极性的,都可以使双向晶闸管导通。双向晶闸管一旦导通,即使失去触发电压,也能继续维持导通状态。

双向晶闸管可广泛用于工业、交通、家用电器等领域,实现交流调压、电机调速、交流开关、路灯自动开启与关闭、温度控制、台灯调光、舞台调光等多种功能,它还被用于固态继电器(SSR)和固态接触器电路中。

三、单结晶体管

单结晶体管的结构如图 4-15a)所示,单结晶体管有三个电极:发射极 E、第一基极 B_1 和第二基极 B_2。由图可见,在一块高电阻率的 N 型硅片上引出两个基极 B_1 和 B_2,两个基极之间的电阻就是硅片本身的电阻,一般为 2～21kΩ。在两个基极之间靠近 B_2 的地方用合金法或扩散法掺入 P 型杂质并引出电极,成为发射极 E。它是一种特殊的半导体器件,有 3 个电极,只有一个 PN 结,因此称为"单结晶体管",又因为有两个基极,所以又称为"双基极二极管"。

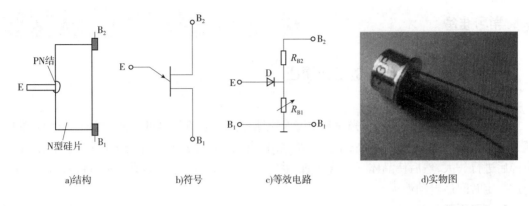

a)结构　　　　b)符号　　　　c)等效电路　　　　d)实物图

图 4-15　单结晶体管

1. 伏安特性

在基极电源电压 U_{BB} 一定时,单结晶体管的电压电流特性可用发射极电流 I_E 和发射极与第一基极 B_1 之间的电压 U_{BE1} 的关系曲线来表示,该曲线又称单结晶体管伏安特性,如图 4-16 所示。

2. 特点

(1) 当发射极电压等于峰点电压 U_P 时,单结晶体管导通。导通之后,当发射电压减小到 $U_E < U_V$ 时,管子由导通变为截止。

(2) 单结晶体管的发射极与第一基极之间的 R_{B1} 是一个阻值随发射极电流增大而变小的电阻,R_{B2} 则是一个与发射极电流无关的电阻。

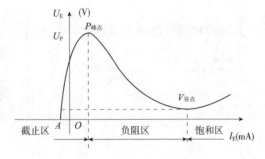

图 4-16　单结晶体管伏安特性

(3) 不同单结晶体管有不同的 U_P 和 U_V。

同一单结晶体管,若电源电压 U_{BB} 不同,它的 U_P 和 U_V 也有所不同。在触发电路中常选用 U_V 低一些或 I_V 大一些的单结晶体管。

任务二　组装声光控楼道灯

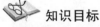 **知识目标**

1. 认识"声光控楼道灯"各电子元件及其电路图。

2. 掌握"声光控楼道灯"的工作原理。

技能目标

1. 熟悉电子安全操作规程。

2. 熟悉常用电子元器件的识别和测试方法。

3. 掌握正确的焊接方法。

学习准备

一、组装声光控楼道灯的工作原理

1. 概述

声光控楼道灯电路是利用光线和声音对照明灯进行双重控制的电路。白天或光线强时其开关呈关闭状态,照明灯不亮,不受声音控制;当光线变暗后开关呈守备状态,当其接收到声音后进行放大,然后使晶体三极管导通,触发晶闸管使照明电路形成回路,将楼道灯点亮,经过一定时间后自动熄灭。

2. 电路原理

声光控楼道灯由拾音头、音频放大、倍压整流、光控电路、电子开关、延时电路、交流开关及照明灯等部分组成。声光控楼道灯方框图如图 4-17 所示。

图 4-17　声光控楼道灯方框图

声光控楼道灯电路原理如图 4-18 所示。

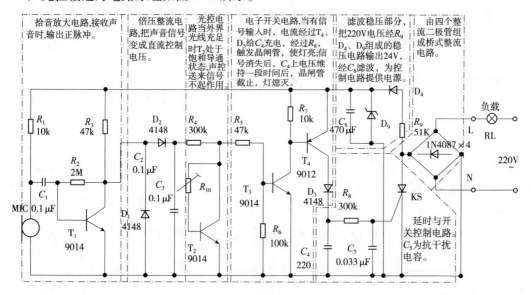

图 4-18　声光控楼道灯电路原理图

MIC 为拾音头,它和 T_1、R_1、R_2、R_3、C_1 组成拾音放大电路。

C_2、D_1、D_2 和 C_3 构成倍压整流电路,把声音信号变成直流控制电压。

R_4、R_5、光敏电阻 R_{10} 和 T_2 组成光控电路,当有光照射在光敏电阻上时,光敏电阻 R_{10} 阻值变小,T_2 导通,直流控制电压被分流。T_3、T_4 和 R_7、D_3 组成电子开关截止,C_4 两端无电压,单向可控硅 KS 截止,灯泡 RL 不亮;在单向可控硅 KS 截止状态时,直流电压经 R_9、D_4 降压后,经 C_6 滤波、D_9 稳压,D_9 采用稳压值为 24V 的稳压二极管。

当无光照时,光敏电阻 R_{10} 的阻值很大,三极管 T_2 截止,直流控制电压经 R_4、R_5 加到 R_6 两端使 T_3、T_4 等组成的电子开关导通。这时 D_3 导通,C_4 被充电。R_8、C_4 和单向可控硅 KS、D_5～D_8 组成延时与交流开关,C_4 通过 R_8 把直流控制电压加到可控硅 KS 的控制极,单向可控硅 KS 导通,灯泡 RL 点亮。

灯泡发光时间的长短由 C_4 和 R_8 的放电时间决定,C_4 的电容量越大,R_8 阻值越大,灯泡的发光时间越长。

C_5 为抗干扰电容器,用于消除灯泡发光时的抖动现象。

二、元件清单

声光控楼道灯元件清单见表 4-6,接线及紧固件见表 4-7,其他配件见表 4-8。

声光控楼道灯元件清单 表 4-6

序号	名　称	规　格	数　量	序号	名　称	规　格	数　量
1	电阻 R_1、R_7	10k　0.25W	2	9	电容 C_5	0.033μF 涤纶电容	1
2	电阻 R_2	2M　0.25W	1	10	电容 C_6	470μF/25V 电解电容	1
3	电阻 R_3、R_5	47k　0.25W	2	11	二极管 D_1～D_3	1N4148	3
4	电阻 R_4、R_8	300k　0.25W	2	12	二极管 D_4～D_8	1N4007	5
5	电阻 R_6、R_9	100k　0.25W　R91W	2	13	二极管 D_9	24V 稳压管	1
6	光敏电阻 R_{10}	无光时无穷大,有光时不超过 100kΩ	1	14	单向可控硅 KS	1A/400V	1
				15	三极管 T_1～T_3	9014	3
7	电容 C_1～C_3	0.1μF 涤纶电容	3	16	三极管 T_4	9012	1
8	电容 C_4	220μF/25V 电解电容	1	17	驻极体话筒	NMC	1

接线及紧固件 表 4-7

序号	名　称	规　格	数　量	序号	名　称	规　格	数　量
1	导线	40mm	2	5	小垫圈	φ4	
2	导线	100mm	1	6	六角螺母	M4	2
3	套管	φ1×30mm	2	7	六角螺母	M3	2
4	螺钉	M4×10	2	8	螺钉	M3×8	1

其他配件 表 4-8

序号	名　称	规　格	数　量	序号	名　称	规　格	数　量
1	圆盒		1	3	平灯座		1
2	印制板	ZD88-1	1				

三、准备所用仪器和工具

(1)电烙铁和烙铁架。电烙铁选用外热式电烙铁,如图 4-19 和图 4-20 所示。

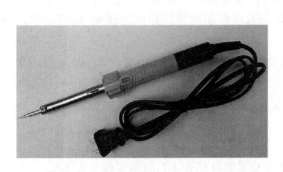

图 4-19 电烙铁 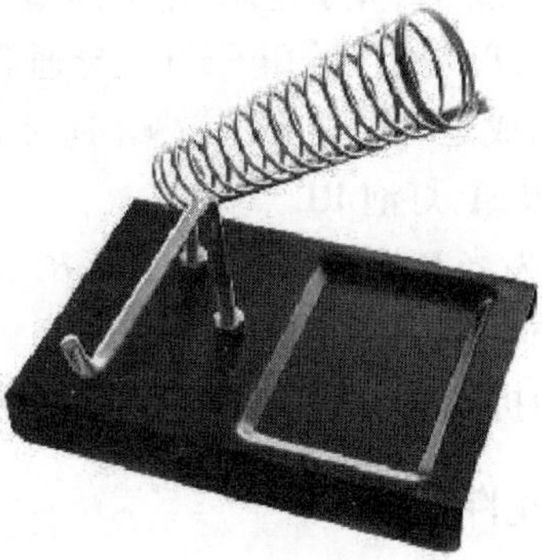   图 4-20 烙铁架

（2）镊子、钳子和剪刀等必备工具，如图 4-21～图 4-23 所示。

图 4-21 镊子 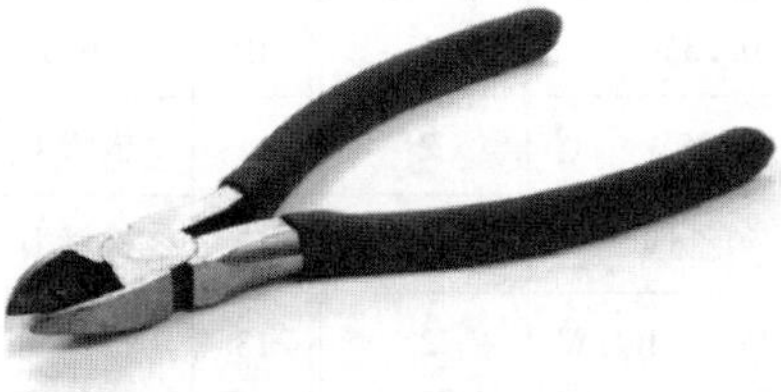   图 4-22 钳子

图 4-23 剪刀

（3）焊锡丝和松香，如图 4-24 和图 4-25 所示。

（4）指针式万用表，如图 4-26 所示。

图 4-24 焊锡丝

图 4-25 松香   图 4-26 指针式万用表

任务实施

一、元器件识别、检测和识图

1. 元件识别（表4-9）

元件符号和实物图　　　　　　　　　　　　　表4-9

名　称	实　物　图	电　路　符　号
电容 $C_1 \sim C_6$		一般电容 + 电解电容
电阻 $R_1 \sim R_9$		
三极管 $T_1 \sim T_4$		c b e PNP c b e NPN
可控硅 （晶闸管） KS		K　G A

续上表

名　　称	实　物　图	电　路　符　号
光敏电阻 R_{10}		
二极管 $D_1 \sim D_9$		普通二极管 稳压二极管
驻极体 话筒 MIC		MIC

2. 元件检测

（1）检测电阻

①万用表调零。根据电阻色环判断电阻大小，将万用表调到合适的电阻挡位，红黑表棒对接然后看指针是否指向 0 位置。转动万用表的机械调零旋钮，让它归零，如图 4-27a）所示。

②将红黑表棒分别置于电阻两端，即可测量读数。这时读出的就是电阻阻值。电阻值 = 挡位 × 读数。例如挡位是 R×100，读数是 51，那就是 5100Ω，如图 4-27b）所示。

a)万用表调零　　　　　　　　　　b)测量电阻

图 4-27　检测电阻

③利用色环读出电阻标称值，用万用表欧姆挡选用合适挡位，测量各个电阻的阻值，并将测量值填入电阻检测表 4-10 中。

电　阻　检　测　　　　　　　　　　　　　　表 4-10

电阻	标称值	测量值	选用挡位	电阻	标称值	测量值	选用挡位
R_1				R_6			
R_2				R_7			
R_3				R_8			
R_4				R_9			
R_5							

（2）检测电容

①视电容器容量大小，通常选用万用表的 $R \times 10$、$R \times 100$、$R \times 1k$ 挡进行测试判断。

②红、黑表棒分别接电容两个管脚，观察表针偏摆情况，如图 4-28 所示。

a)正向充电　　　　　　　　　b)正向漏电电阻

图 4-28　测量电容

③红黑表棒互换，分别接电容两个管脚。由表针的偏摆来判断电容器质量，如图 4-29 所示。

a)反向充电　　　　　　　　　b)反向漏电电阻

图 4-29　表棒互换后测量电容

若表针迅速向右摆起，然后慢慢向左退回原位，一般来说电容器是好的。如果表针摆起后不再回转，说明电容器已经击穿。如果表针摆起后逐渐退回到某一位置停位，则说明电容器已经漏电。如果表针不动，说明电容器断路。将测量结果填入表 4-11 中。

电　解　电　容　检　测　　　　　　　　　　表 4-11

电 解 电 容	耐　压	容　量	好　坏
C_1			
C_6			

（3）检测二极管

一般使用万用表 R×100 挡位，先用红表棒接二极管负极，黑表接正极，然后交换表笔再测量一次，如果二极管是好的，两次测量结果必定出现一大一小。具体操作如图 4-30 所示，并将测量值填入二极管检测表 4-12 中。

 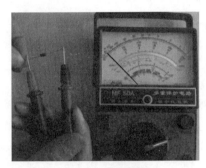

a)正向数值　　　　　　　　　　　　　　　　　　　b)反向数值

图 4-30　二极管检测

二 极 管 检 测　　　　　　　　　　　　　　　　表 4-12

二极管	正向数值	反向数值	好坏判别	二极管	正向数值	反向数值	好坏判别
D_1				D_6			
D_2				D_7			
D_3				D_8			
D_4				D_9			
D_5							

（4）检测三极管

万用表挡位拨到三极管 h_{fe} 测试挡。h_{fe} 为三极管的电流放大倍数。

将三极管按照 NPN/PNP 种类（NPN 管插入位置 如图 4-31 所示；PNP 管插入位置如图 4-32 所示），正确插入测试座，读取图 4-33 所示 h_{fe} 刻度线上的读数，该三极管的电流放大倍数为 160。三极管检测见表 4-13。

图 4-31　NPN 管插入位置　　　　　　　　　　　　图 4-32　PNP 管插入位置

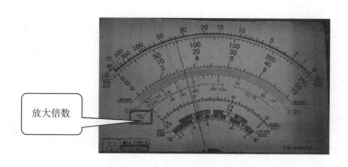

图 4-33　三极管放大倍数

三 极 管 检 测　　　　　　　　　表 4-13

三极管	类　型	好坏判别	放大倍数	三极管	类　型	好坏判别	放大倍数
T_1				T_3			
T_2				T_4			

（5）检测光敏电阻

用一片黑纸片将光敏电阻的透光窗口遮住,此时用万用表 R×10k 挡测量,如图 4-34 所示,阻值非常大。此值越大说明光敏电阻性能越好。若此值很小或接近为零,说明光敏电阻已烧穿损坏,不能再继续使用。

将黑纸片取走,此时再用万用表 R×100 挡测量,如图 4-35 所示,阻值明显减小,此值越小说明光敏电阻性能越好。若此值很大甚至无穷大,表明光敏电阻内部开路损坏,也不能再继续使用。

图 4-34　黑纸片遮住光敏电阻检测

图 4-35　取走黑纸片光敏电阻检测

（6）检测驻极体话筒

将万用表拨至"R×100"或"R×1k"电阻挡,黑表笔任意一极,红表笔接另外一极,如图 4-36a）所示,读出电阻值数。对调两表笔后,再次读出电阻值数,如图 4-36b）所示,并比较两次测量结果,阻值较小的一次中,黑表笔所接应为源极 S,红表笔所接应为漏极 D。

驻极体话筒的金属外壳与源极 S 电极相连,其漏极 D 电极应为"正电源/信号输出脚",源极 S 电极为"接地引脚。用万用表 R×10 挡检测连接是否良好,如图 4-37 所示。

143

a)阻值大   b)阻值小

图 4-36　检测驻极体话筒的源极和漏极

图 4-37　检测源极与外壳连接

二、焊接装配

（1）焊接前要将被焊元件的引脚进行清洁，去除氧化膜。

①机械方法：用砂纸或刀将其除掉，如图 4-38 所示。

②化学方法：用助焊剂清除，如图 4-39 所示。

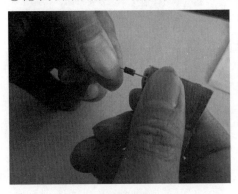 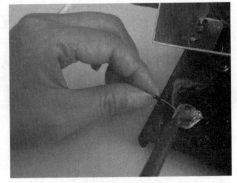

图 4-38　用砂纸去除氧化膜   图 4-39　用助焊剂去除氧化膜

（2）浸锡（又称搪锡、预挂锡）。将捻好的导线端头浸锡的目的在于防止氧化，以提高焊接质量，如图 4-40 所示。

（3）元件引脚加工成型。元件在印刷板上的排列和安装方式有两种：一种是卧式；另一种是立式，如图 4-41 所示。元器件引脚弯成的形状是根据印刷板孔的距离及装配上的不同而加工成型。加工时,注意不要将引线齐跟弯折,并用工具保护引线的根部,一般应留1.5mm 以上的间距以免损坏元器件。

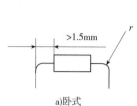

a)卧式

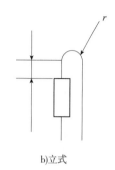

b)立式

图 4-40　浸锡　　　　　　　　　　　图 4-41　元件引脚成型

（4）元件安装顺序。元件装焊的顺序原则是先低后高,先轻后重,先耐热后不耐热。一般的装焊顺序依次是电阻、电容、二极管、三极管(晶闸管)等。

（5）根据印刷电路印刷铜箔元件面的元件符号,如图 4-42 所示,将引脚加工完成的元件插入对应焊接孔内,如图 4-43 所示,具体的工艺表和安装工艺分别如表 4-14 所示、图 4-44。

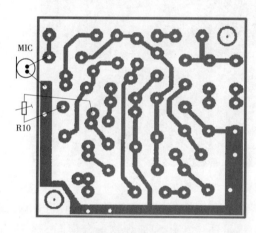

图 4-42　印刷铜箔面图

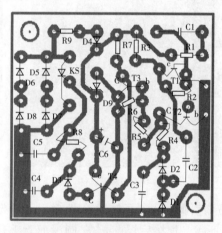

图 4-43　印刷铜箔元件面

元件安装工艺表　　　　　　　　　　　　　表 4-14

序号	元 件 名 称	装配工艺要求	
1	电阻		电阻采用印制电路板立式装配,色环方向一致
2	三极管	4~6mm	采用立式安装,注意管脚极性位置

145

序号	元件名称	装配工艺要求	
3	电解电容		采用立式安装,注意正、负极性安装正确,特别是大电容量的电解电容,极性装反易炸裂
4	涤纶电容		插到底,不要倾斜

(6)焊接练习。右手持电烙铁,左手持焊锡丝。焊接前,电烙铁要充分预热。将烙铁头刃面紧贴在焊点处。电烙铁与水平面大约成60°角,焊锡丝送锡。烙铁头在焊点处停留的时间控制在 2~3s,抬开烙铁头和焊锡丝,如图 4-45 所示。

图 4-44　安装元器件

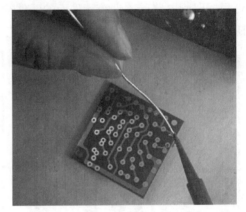

图 4-45　焊接

(7)剪引脚。用镊子转动引脚,确认不松动,然后可用偏口钳或剪刀剪去多余的引脚,如图 4-46 所示。焊接后焊点光亮,圆滑而无毛刺,锡量适中。锡和被焊物融合牢固。不应有虚焊和假焊,如图 4-47 所示。

图 4-46　剪引脚

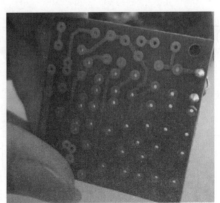

图 4-47　焊点成品

（8）安装光敏电阻、驻极体。首先，将光敏电阻管脚套上绝缘套管，如图 4-48 所示。

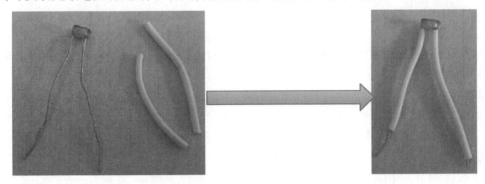

图 4-48　安装绝缘套管

插件完成后，线路板反面焊接光敏电阻、驻极体，注意驻极体的正负极，如图 4-49 所示。接线，将灯头的黑线焊接到印刷板上，另一根黑线接到平灯座上用螺钉旋紧。平灯座上绿线焊接到印刷板上，如图 4-50 所示。

图 4-49　反面焊接光敏电阻、驻极体

图 4-50　焊接灯头和灯座

（9）用螺钉固定线路板，如图 4-51 所示。

（10）用热溶胶固定驻极体和光敏电阻，如图 4-52 所示。

（11）用螺钉固定圆盒和平灯座，安装灯泡，如图 4-53 所示。

图 4-51　固定线路板

图 4-52　固定光敏电阻和驻极体

图 4-53　固定圆盒和平灯座

三、功能调试

1.通电前准备

焊接完成后将电路板对照电路图认真核对一遍,不要有错焊、漏焊、短路等现象发生。核对正确后再进行固装。

2.通电调试

通电后注意,人体不允许接触电路板的任一部分,防止触电,注意安全。

为安全考虑,可以使用36V交流电源和36V/40W的灯泡进行调试。调试前请先将光敏电阻的用黑布包住。

通电后,用手轻拍驻极体,这时灯应亮如图4-54所示,延时后,灯熄灭。

把光敏电阻上的黑布拆掉后,再用手重拍驻极体,这时灯不亮,如图4-55所示。说明光敏电阻完好,这时表示制作成功。

图4-54 点亮声控灯

图4-55 声控灯不亮

四、常见故障及分析

若调试成功请先仔细复查有无虚假错焊和拖锡短路现象。如无明显焊接错误,应在电路板上找到相应的 A~F 点,使用万用表测量电路各点电压,如图4-56所示。故障现象分析及排除方法见表4-15。

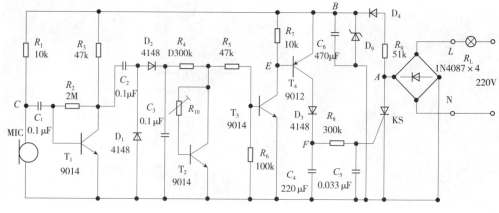

图4-56 电路测试点标识

表 4-15

故障现象分析及排除方法

故 障 现 象	故 障 分 析	排 除 方 法
晚上,在声光控楼道灯电路中让话筒接收到声音信号,但灯始终不亮	灯泡断路或接触不良	更换灯泡;旋紧灯泡
	整流电路故障: 用万用表直流 50V 挡位,测量 A 点电压,应有 30V 左右电压,如无,则说明桥式整流电路 $D_5 \sim D_8$ 出现故障	更换二极管;重新焊接
	滤波稳压电路故障: 用万用表直流 10V 挡位,测量 B 点电压,应有 9V 左右电压,如无,则说明滤波稳压部分电路 R_9、D_4、D_9、C_6 出现故障	更换新元件;重新焊接
	驻极体接反或损坏: 用万用表直流 10V 挡位,测量 C 点电压,并对驻极体话筒吹气,观察万用表,应看到电压波动,如无,则说明驻极体话筒出现故障	正确焊接驻极体正负极;更换驻极体
晚上,在声光控楼道灯电路中让话筒接收到声音信号,但灯始终不亮	倍压整流电路故障: 用万用表直流 10V 挡位,测量 D 点电压,并对驻极体话筒吹气,观察万用表,应看到电压波动,如无,则说明倍压整流电路出现故障	更换新元件;重新焊接
	光控电路故障: 用万用表直流 10V 挡位,测量 E 点电压,并对驻极体话筒吹气,观察万用表,应看到电压波动,如无,则说明光控电路出现故障	更换新元件;重新焊接
	电子开关电路故障: 用万用表直流 10V 挡位,测量 F 点电压,并对驻极体话筒吹气,观察万用表,应看到电压波动,如无,则说明电子开关电路出现故障	更换新元件;重新焊接
声光控楼道灯长亮,不能自动熄灭	晶闸管击穿短路	更换新元件

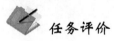 **任务评价**

项　目	考核内容及要求	配分	评 分 标 准	得分
安全文明生产	操作规范,注意操作过程人身、设备安全,并注意遵守劳动纪律	10 分	损坏仪器仪表该项扣完;桌面不整洁,扣 5 分;仪器仪表、工具摆放凌乱,扣 5 分	
元件识别和选择	元件清点检查:用万用表对所有元器件进行检测,并将不合格的元器件筛选出来进行更换,缺少的要求补发	20 分	错选或检测错误,每个元器件扣 2 分	
电子产品装配	元器件引脚成型符合要求;元器件装配到位,装配高度、装配形式符合要求;外壳及紧固件装配到位,不松动,不压线	20 分	装配不符合要求,每处扣 2 分	
电子产品焊接	按照装配图进行接装。要求:无虚焊、桥接、漏焊、半边焊、毛刺、焊锡过量或过少、助焊剂过量等;无焊盘翘起、脱落;无损坏元器件;无烫伤焊盘、导线、塑料件、外壳;整板焊接点清洁。插孔式元器件引脚长度 2~3mm,且剪切整齐	25 分	焊接不符合要求,每处扣 2 分	

续上表

项 目	考核内容及要求	配分	评 分 标 准	得分
电子产品调试	正确使用仪器仪表	5分	装配完成检查无误后,通电试验,如有故障应进行排除。按要求进行相应数据的测量,若测量正确,该项计分,若测量错误,该项不计分	
	供电交流电压36V	5分		
	通电调试	15分		
合计		100分		

注:各项配分扣完为止。

 复习思考题

一、选择题

1. 晶闸管导通后,(　　)便失去作用。依靠正反馈,晶闸管仍可维持导通状态。

　　A. 控制极　　　　　B. 阳极　　　　　　C. 阴极　　　　　　D. 基极

2. 普通晶闸管是一种(　　)半导体元件。

　　A. PNP 三层　　　B. NPN 三层　　　C. PNPN 四层　　　D. NPNP 四层

3. 普通晶闸管由 N2 层的引出极是(　　)。

　　A. 基极　　　　　B. 控制极　　　　　C. 阳极　　　　　　D. 阴极

4. 晶闸管上施加反向电压时,伏安特性与一般(　　)的反向特性相似。

　　A. 二极管　　　　B. 三极管　　　　　C. 电容　　　　　　D. 电阻

5. 双向晶闸管(TRIAC)是由 NPNPN 五层半导体材料构成的,相当于(　　)反相并联。

　　A. 5 只二极管　　B. 2 只普通晶闸管　C. 3 只三极管　　　D. 2 只三极管

6. 双向晶闸管有三个电极,分别是主电极 T_1、主电极 T_2 和(　　)。

　　A. 控制极 G　　　B. 发射极 E　　　　C. 基极 B　　　　　D. 集电极 C

7. 单结晶体管有三个电极:(　　)、第一基极 B_1 和第二基极 B_2。

　　A. 控制极 G　　　B. 基极 B　　　　　C. 发射极 E　　　　D. 集电极 C

8. 单结晶体管也称为(　　)。

　　A. 二极管　　　　B. 特殊三极管　　　C. 双基极二极管　　D. 晶体管

9. 单结晶体管是一种特殊类型的二极管,它具有(　　)。

　　A. 2 个电极　　　B. 3 个电极　　　　C. 1 个基极　　　　D. 2 个 PN 结

10. 若晶闸管的控制电流由大变小,则正向转折电压(　　)。

　　A. 由大变小　　　B. 由小变大　　　　C. 保持不变　　　　D. 为 0

11. 下列为普通晶闸管电路符号的是(　　)。

A. 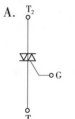　　B. 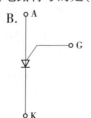　　C. 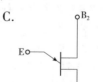　　D.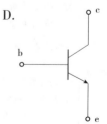

12. 声光控楼道灯由拾音头、(　　　)、倍压整流、光控电路、电子开关、延时电路、交流开关及照明灯等部分组成。

  A. 音频放大　　　　B. 偏置电路　　　　C. 高频放大器　　　　D. 检波器

13. 声光控楼道灯灯泡发光时间长短是由(　　　)的放电时间决定的。

  A. 电阻和电容　　B. 二极管和电阻　　C. 晶闸管　　　　D. 三极管和电容

14. 驻极体话筒的金属外壳与(　　　)电极相连。

  A. 源极 S　　　　B. 漏极 D　　　　C. 基极 B　　　　D. 发射极 E

15. 焊接前要用砂皮或助焊剂将被焊元件的引脚进行清洁,去除(　　　)。

  A. 油污　　　　B. 氧化膜　　　　C. 灰尘　　　　D. 积碳

16. 光敏电阻的电路符号为(　　　)。

  A. ——|卜——　　　B. ——□——　　　C. ——▷|——　　　D. ——▷/——

17. 用指针式万用表电阻挡测量电容好坏时,如果表针摆起后不再回转,说明电容器(　　　)。

  A. 断路　　　　B. 击穿　　　　C. 性能良好　　　　D. 不能判断

18. 一般使用万用表 R×100 挡位测量二极管好坏,先用红表棒接二极管负极,黑表接正极,然后交换表笔再测量一次,如果二极管是好的,两次测量结果必定出现(　　　)。

  A. 两次表针都不偏转　　　　　　B. 两次表针偏转幅度相同

  C. 两次表针偏转一大一小　　　　D. 两次表针偏转后又回转

19. 用万用表电阻挡测量驻极体话筒,比较两次测量结果,阻值较小的一次中,黑表笔所接应为(　　　)。

  A. 控制极 G　　　　B. 基极 E　　　　C. 漏极 D　　　　D. 源极 S

20. 焊接前一般有两种方法可以对被焊元件的引脚进行清洁,分别为(　　　)。

  A. 机械方法和抛光方法　　　　B. 机械方法和化学方法

  C. 化学方法和热学方法　　　　D. 化学方法和光学方法

21. 声光控楼道灯长亮,不能自动熄灭,可能的故障原因是(　　　)。

  A. 灯泡断路或接触不良　　　　B. 驻极体接反

  C. 闸管损坏断路　　　　　　　D. 晶闸管击穿短路

二、判断题

1. 晶闸管只要加上正向电压就导通,加反向电压就关断,所以,晶闸管具有单向导电性能。　　　　　　　　　　　　　　　　　　　　　　　　　　　(　　)

2. 普通晶闸管中间 P 层引出极是控制极。　　　　　　　　　　　　　(　　)

3. 晶闸管导通的条件是:晶闸管阳极与阴极之间施加正向电压、控制极与阴极之间加正向电压或正向脉冲。　　　　　　　　　　　　　　　　　　　　(　　)

4. 晶闸管关断的条件是:必须使晶闸管控制极电流减小,直到正反馈效应不能维持;将控制极电源断开或者在晶闸管控制极和阴极间加反向电压。　　　　　(　　)

5. 晶闸管导通后,若阳极电流小于维持电流,晶闸管必然自行关断。　　(　　)

6. 晶闸管的正向特性有阻断状态和导通状态之分。　　　　　　　　　(　　)

7. 单结晶体管是一种特殊类型的三极管。　　　　　　　　　　　　　(　　)

8. 维持电流是在规定的环境和控制极断路时,晶闸管维持导通状态所必需的最小电流。（　　）

9. 晶闸管的伏安特性是以控制极 G 为参考点,阳极 A 与阴极 K 间的阳极电压 U_A 和阳极电流 I_A 之间的关系。（　　）

10. 只要在双向的控制极上加上一个触发脉冲,也不管这个脉冲是什么极性的,都可以使双向晶闸管导通。（　　）

11. 元件在印刷板上的排列和安装方式有两种:一种是卧式;另一种是立式。（　　）

12. 印刷板电容安装时采用立式安装,注意正、负极性,特别是大电容量的涤纶电容,极性装反易炸裂。（　　）

13. 声光控楼道灯电路中所使用的光敏电阻特性是:入射光强,电阻增大,入射光弱,电阻减小。（　　）

14. 浸锡(又称搪锡、预挂锡)将捻好的导线端头浸锡的目的在于防止氧化,以提高焊接质量。（　　）

15. 焊接时,电烙铁与水平面大约成60°角,焊锡丝送锡。烙铁头在焊点处停留的时间控制在 2～3s,抬开烙铁头和焊锡丝。（　　）

16. 用一片黑纸片将光敏电阻的透光窗口遮住,此时用万用表测量电阻。电阻阻值越小说明光敏电阻性能越好。若此值很大,说明光敏电阻已烧穿损坏,不能再继续使用。（　　）

17. 驻极体话筒的金属外壳与漏极 D 电极相连,其源极 S 电极应为"正电源/信号输出脚",漏极 D 电极为"接地引脚。（　　）

18. 元件引脚加工时,注意不要将引线齐跟弯折,并用工具保护引线的根部,一般应留1.5mm以上的间距以免损坏元器件。（　　）

19. 元件装焊的顺序原则是先低后高,先轻后重,先耐热后不耐热。（　　）

20. 三极管安装时采用卧式安装,注意管脚极性位置。（　　）

三、简答题

1. 晶闸管的导通条件是什么?

2. 维持晶闸管导通的条件是什么? 怎样才能使晶闸管由导通变为关断?

3. 如何用万用表判别晶闸管的好坏?

4. 调试声光控楼道灯时,为何要将光敏电阻用黑布包起来? 如果不包起来调试会有什么现象?

5. 安装声光控楼道灯元件时,元件的安装顺序是什么?

项目五　数字电路的应用

【项目导入】

　　数字电路能对数字信号进行算数运算,还能进行逻辑运算。逻辑运算就是按照人们设计好的规则,进行逻辑推理和逻辑判断。因此,数字电路具有一定的"逻辑思维"能力,可用在工业生产中,进行各种智能化控制,以减轻人们的劳动强度,提高产品质量,当今时代,数字电路已广泛地应用于各个领域。图5-1所示数字电路在生活中的应用。

a)音乐彩灯喷泉

b)流水灯

c)数显抢答器

d)数字钟

图5-1　数字电路在生活中的应用

任务一　基本逻辑门电路的简单应用

知识目标

1. 认识 TTL 与非门、或门和非门的外形与引出端。

2. 掌握 TTL 与非门、或门和非门输入与输出之间的逻辑关系。

技能目标

1. 熟悉数字电路试验的有关设施(如电平开关、电平显示等)的结构、基本功能和使用方法。

2. 熟悉 TTL 器件的使用规则。

3. 测试与非门、或门、非门功能。

学习准备

(1)数字电路试验箱,如图5-2所示。

图5-2 数字电路实验箱

(2)74LS00,如图5-3所示;74LS32,如图5-4所示;74LS04,如图5-5所示。

图5-3 74LS00

图5-4 74LS32

图5-5 74LS04

任务实施

一、74LS00（四输入"与非"门）电路功能的测试

（1）认识 74LS00 引出端排列图，如图 5-6 所示。

（2）检查实验箱电源为关闭状态，电平开关为低电平。将器件的引脚 7 与试验箱的"地"连接，如图 5-7 中虚线所示。

图 5-6　74LS00 引出端排列图

图 5-7　连接地线

（3）将器件的第 3 端接八位逻辑电平显示中任意一个，如图 5-8 中虚线所示。

（4）将器件的第 1 端、第 2 端接八位电平开关中任意两个，如图 5-9 中虚线所示，用试验台的电平开关输出作为被测器件的输入，拨动开关，则改变器件的输入电平。

图 5-8　连接逻辑电平显示

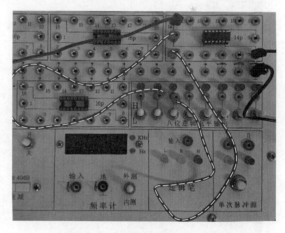

图 5-9　连接逻辑电平输出

（5）将器件的引脚 14 与试验箱的 +5V 连接，如图 5-10 中虚线所示。

（6）按真值表要求操作电平开关（做 4 次，即 4 个与非门功能都要测到），由教师示范 1 端、2 端输入与非门功能测试（表 5-1），学生测试其余 3 个与非门功能，并将测试结果 Y 的状态填入表 5-2 ~ 表 5-4 中。规定：开关拨上为"1"，开关拨下为"0"；主二极管（LED 灯）亮为"1"，暗为"0"。

图 5-10　连接 +5V 电源

1 端、2 端输入测试结果　　　　　　　　　　　　　　　　　　　　　表 5-1

A、B 端实物图	1A 输入　1 端	1B 输入　2 端	1Y 输出（LED 灯）　3 端
	0 下	0 下	1 亮
	0 下	1 上	1 亮
	1 上	0 下	1 亮
	1 上	1 上	0 暗

4 端、5 端输入测试结果　　　　　　　　　　　　　　　　　　　　　表 5-2

2A 输入　4 端	2B 输入　5 端	2Y 输出（LED 灯）　6 端	2A 输入　4 端	2B 输入　5 端	2Y 输出（LED 灯）　6 端
0 下	0 下		1 上	0 下	
0 下	1 上		1 上	1 上	

9 端、10 端输入测试结果　　　　　　　　　　　　　　　　表 5-3

3A　9 端	3B　10 端	3Y（LED 灯）　8 端	3A　9 端	3B　10 端	3Y（LED 灯）　8 端
0 下	0 下		1 上	0 下	
0 下	1 上		1 上	1 上	

12 端、13 端输入测试结果　　　　　　　　　　　　　　　　表 5-4

4A　12 端	4B　13 端	4Y（LED 灯）　11 端	4A　12 端	4B　13 端	4Y（LED 灯）　11 端
0 下	0 下		1 上	0 下	
0 下	1 上		1 上	1 上	

二、74LS32 电路功能的测试

（1）认识 74LS32 引出端排列图，如图 5-11 所示。

（2）检查实验箱电源为关闭状态，电平开关为低电平。将器件的引脚 7 与试验箱的"地"连接，如图 5-12 中虚线所示。

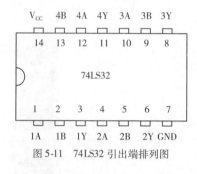

图 5-11　74LS32 引出端排列图

图 5-12　连接地线

（3）将器件的第 3 端接八位逻辑电平显示中任意一个，如图 5-13 中虚线所示。

（4）将器件的第 1 端、2 端接十六位电平开关中任意两个，如图 5-14 所示，用试验台的电平开关输出作为被测器件的输入，拨动开关，则改变器件的输入电平。

图 5-13　连接逻辑电平显示

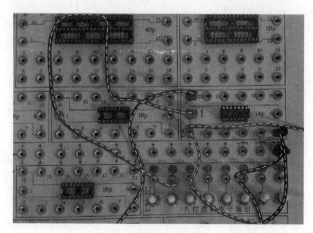

图 5-14　连接逻辑电平输出

（5）将器件的引脚 14 与试验箱的 +5V 连接,如图 5-15 中虚线所示。

图 5-15　连接 +5V 电源

（6）按真值表要求操作电平开关(做 4 次,即 4 个或门功能都要测到),由教师示范 1 端、2 端输入或门功能测试(表 5-5),学生测试其余 3 个或门功能,并将测试结果 Y 的状态填入表 5-6 ~ 表 5-8 中。

1 端、2 端输入测试结果　　　　　　　　　　　　　　　　　表 5-5

A、B 端实物图	1A　1 端	1B　2 端	1Y(LED 灯)　3 端
	0 下	0 下	0 暗
	0 下	1 上	1 亮
	1 上	0 下	1 亮
	1 上	1 上	1 亮

4 端、5 端输入测试结果　　　　　　　　　　　　　　　　　表 5-6

2A　4 端	2B　5 端	2Y（LED 灯）　6 端	2A　4 端	2B　5 端	2Y（LED 灯）　6 端
0 下	0 下		1 上	0 下	
0 下	1 上		1 上	1 上	

9 端、10 端输入测试结果　　　　　　　　　　　　　　　　表 5-7

3B　9 端	3A　10 端	2Y（LED 灯）　8 端	3B　9 端	3A　10 端	2Y（LED 灯）　8 端
0 下	0 下		1 上	0 下	
0 下	1 上		1 上	1 上	

12 端、13 端输入测试结果　　　　　　　　　　　　　　　表 5-8

4B　12 端	4A　13 端	4Y（LED 灯）　11 端	4B　12 端	4Y　13 端	4Y（LED 灯）　11 端
0 下	0 下		1 上	0 下	
0 下	1 上		1 上	1 上	

三、74LS04 电路功能的测试

（1）认识 74LS04 引出端排列图，如图 5-16 所示。

（2）检查实验箱电源为关闭状态，电平开关为低电平。将器件的引脚 7 与试验箱的"地"连接，如图 5-17 中虚线所示。

（3）将器件的第 2 端接逻辑电平显示，如图 5-18 中虚线所示。

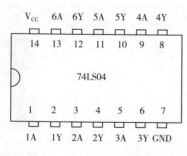

图 5-16　74LS04 引出端排列图

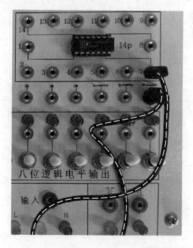

图 5-17　连接地线

（4）将器件的第 1 端接十六位电平开关中任意一个，如图 5-19 中虚线所示，用试验台的电平开关输出作为被测器件的输入，拨动开关，则改变器件的输入电平。

（5）将器件的引脚 14 与试验箱的 +5V 连接，如图 5-20 中虚线所示。

（6）按真值表要求操作电平开关（做 6 次，即 6 个非门功能都要测到），由教师示范 1

159

端输入非门功能测试（表5-9），学生测试其余5个非门功能，并将测试结果Y的状态填入表5-10～表5-14中。

图5-18　连接逻辑电平显示

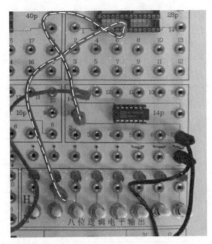

图5-19　连接逻辑电平输出

图5-20　连接+5V电源

1端输入测试结果　　　　　　　　　　　　　　　表5-9

A端实物图	1A 输入　1端	1Y 输出（LED 灯）　2端
![A端实物图]	0 下	![LED] 1 亮
![A端实物图]	1 上	![LED] 0 暗

3 端输入测试结果   表 5-10

2A 输入　3 端	2Y 输出(LED 灯)　4 端	2A 输入　3 端	2Y 输出(LED 灯)　4 端
0 下		1 上	

5 端输入测试结果   表 5-11

3A 输入　5 端	3Y 输出(LED 灯)　6 端	3A 输入　5 端	3Y 输出(LED 灯)　6 端
0 下		1 上	

9 端出入测试结果   表 5-12

4A 输入　9 端	4Y 输出(LED 灯)　8 端	4A 输入　9 端	4Y 输出(LED 灯)　8 端
0 下		1 上	

11 端输入测试结果   表 5-13

5A 输入　11 端	5Y 输出(LED 灯)　10 端	5A 输入　11 端	5Y 输出(LED 灯)　10 端
0 下		1 上	

13 端输入测试结果   表 5-14

6A 输入　13 端	6Y 输出(LED 灯)　12 端	6A 输入　13 端	6Y 输出(LED 灯)　12 端
0 下		1 上	

 **任务评价**

项　目	考核内容及要求	配分	评 分 标 准	得分
安全文明生产	操作规范、注意操作过程人身、设备安全,并注意遵守劳动纪律	10 分	损坏仪器仪表该项扣完;桌面不整洁,扣 5 分;仪器仪表、工具摆放凌乱,扣 5 分	
元件识别和选择	通过型号和外形选择正确的 TTL 与非门、或门和非门进行实验	15 分	错选,每个元器件扣 5 分	
试验电路接线	根据试验所用的 TTL 逻辑门的引出端功能,完成试验电路接线	25 分	接线错误,每处扣 5 分	
电路功能测试	通电操作,正确调节电平得到试验数据	30 分	不能正确调节电平进行实验,每漏一处扣 5 分	
试验报告	通过试验结果,正确填写表格,完成试验报告	20 分	表格填写错误,每处扣 5 分。工作报告卷面欠整洁,酌情扣分	
合计		100 分		

注:各项配分扣完为止。

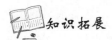

一、脉冲与数字信号

信号的形式是多种多样的,现代电子电路所处理的信号主要可分为两大类:一类为模拟信号;另一类为数字信号,如图 5-21 所示。

模拟信号是指在时间和幅度上都是连续变化的信号。模拟信号一般是指模拟真实世界物理量的电压或电流,如模拟温度、压力、路程这一类物理量的信号,都是在连续的时间范围内幅度连续变化的信号。数字信号是指那些在时间和幅度上都是离散的信号,如矩形波就是典型的数字信号。数字信号常用抽象出来的二值信息来表示,用数字"1"表示高电平或者有信号,用数字"0"表示低电平或者无信号,至于高低电平的精确值则无关紧要。在这里 0 和 1 只是一种形式符号,没有任何数字上的概念。

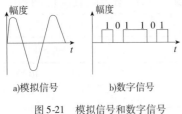

a)模拟信号   b)数字信号

图 5-21　模拟信号和数字信号

1. 脉冲主要参数及常见波形

在电子技术中,一般把瞬间突变、作用时间极短的电压或电流信号称为脉冲信号。从广义来说,凡是各种非正弦规律变化的电压或电流都可称为脉冲信号。

脉冲波形的种类很多,如矩形波、尖顶波、锯齿波、梯形波等。

图 5-22 给出了几种常见的脉冲信号波形。

a)矩形波   b)锯齿波   c)尖顶波

图 5-22　几种常见的脉冲信号波形

数字电路中常用理想的矩形脉冲作为电路的工作信号。但是实际的矩形脉冲前后沿都不可能达到理想脉冲那么陡峭。

如图 5-23 所示,为了表征矩形脉冲波形的特性,可用以下几个主要参数表示:

①脉冲幅度 V_m:脉冲电压的最大变化值。

②脉冲上升时间 t_r:脉冲波形从 $10\% V_m$ 上升到 $90\% V_m$ 所需的时间。

③脉冲下降时间 t_f:脉冲波形从 $90\% V_m$ 下降到 $10\% V_m$ 所需的时间。

④脉冲宽度 t_w:脉冲上升沿 $50\% V_m$ 到下降沿 $50\% V_m$ 所需的时间(或高电平时间)。

⑤脉冲周期 T:信号变化一个循环的时间。

⑥脉冲频率 f(脉冲重复率 PRR):1 秒内脉冲出现的次数,$f = 1/T$。

⑦占空比 q:脉冲宽度 t_w 与脉冲周期 T 的百分比,$q = (t_w/T)\%$。

2. 数字信号的表示方法

通常把脉冲的出现或消失用 1 和 0 来表示,这样一串脉冲就变成一串由 1 和 0 组成的数码,这样的信号就是数字信号。数字信号在时间上和数值上是离散的、不连续的电信号。典型的数字信号在电路中常表现为只有高电平和低电平跳变的电压或电流。图 5-24 所示为典型的数字信号(即理想的矩形脉冲信号)。

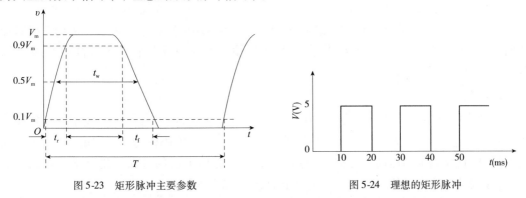

图 5-23　矩形脉冲主要参数　　　　　　图 5-24　理想的矩形脉冲

数字信号只有两个离散值——高电平和低电平,是一种二值信号。常用数字 0 和 1 分别表示低电平和高电平。数字信号的 0 和 1 并不表示数量的大小,而是代表电路的工作状态,如开关、二极管、三极管导通用 1 状态表示;反之,器件截止时就用 0 状态表示。

若规定高电平(3~5V)为逻辑 1,低电平(0~0.4V)为逻辑 0,称为正逻辑;反之,若规定高电平为逻辑 0,低电平为逻辑 1,则称为负逻辑。

二、数制与编码

1. 数制

数制是数的表示方法,常用的数制有二进制数和十进制数两种。二进制数是数字电路中应用最广泛的一种数值表示方法;十进制数是人们日常生活中最熟悉的数值表示方法。下面介绍二进制数的表示方法以及二进制数与十进制数之间的转换方法。

(1)十进制数

十进制数采用 0、1、2、…、9 共 10 个基本数码,按照一定规律排列来表示数值大小,数码的个数称为数基,所以以十进制运算规则是"逢十进一,借一当十",故称十进制。

例如:十进制数 56,则有:

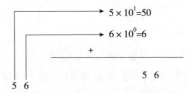

$$5 \times 10^1 = 50$$
$$6 \times 10^0 = 6$$
$$+$$
$$5\ 6$$

5　6

10^1、10^0 称为十进制的位权, 各数位的权是 10 的幂

所以,十进制数 56 的位权展开式为:$(56)_{10} = 5 \times 10^1 + 6 \times 10^0$

(2)二进制数

二进制数仅有 0 和 1 两个不同的数码。运算规则为"逢二进一,借一当二"。对于任意一个二进制数可表示为:

$$(N)_2 = k_{n-1} \times 2^{n-2} + k_{n-2} \times 2^{n-2} + \cdots + k_1 \times 2^1 + k_0 \times 2^0 + k_{-1} \times 2^{-1} + k_{-2} \times 2^{-2} + \cdots$$

例如： $$(110.01)_2 = 1 \times 2^2 + 1 \times 2^1 + 0 \times 2^0 + 0 \times 2^{-1} + 1 \times 2^{-2}$$

其中 2^2、2^1、2^0、2^{-1}、2^{-2} 为位权。

二进制的每一位数字只有"0"或"1"两种可能,容易用电路状态来表达。例如三极管截止时,其输出为"0";饱和导通时,其输出为"1";输入脉冲的低电平为"0";高电平为"1";等等。

2. 码制

在数字电路中的二进制数码不仅用来表示数量的大小,还可表示各种文字、符号、图形等非数值信息,通常把表示文字、符号等信息的多位二进制数码称为代码,如运动场上运动员的编号,它仅表示和运动员之间的对应关系,而无数值大小的含义。建立这种代码与文字、符号或其他特定对象之间一一对应关系的过程,称为编码。

由于在数字电路中经常使用的是二进制数据,而人们习惯使用十进制数码,所以就产生了用四位二进制数表示一位十进制数的计数方法,这种用于表示十进制数的二进制代码称为二—十进制编码(Binary Coded Decimals System,简称 BCD 码)。其中 8421BCD 码使用最多。见表5-15。

8421 BCD 码编码表 表 5-15

十进制数码	二进制数码				十进制数码	二进制数码			
	位权 8	位权 4	位权 2	位权 1		位权 8	位权 4	位权 2	位权 1
0	0	0	0	0	5	0	1	0	1
1	0	0	0	1	6	0	1	1	0
2	0	0	1	0	7	0	1	1	1
3	0	0	1	1	8	1	0	0	0
4	0	1	0	0	9	1	0	0	1

三、逻辑门电路

逻辑门电路是用以实现输入信号与输出信号之间逻辑关系的电路,简称门电路,是组成数字电路的最基本单元。

1. 逻辑门分类

(1)按逻辑功能不同,可分为基本逻辑门和复合逻辑门。

基本逻辑门包括与门、或门、非门;复合逻辑门包括与非门、或非门、同或门、异或门、与或非门等。

(2)按功能特点不同,可分为普通门(推拉式输出)、输出开路门、三态门、CMOS 传输门等。

(3)按电路结构不同,可分为元件门电路和集成门电路两大类。其中集成门电路又包括输入端和输出端都用双极型三极管构成的 TTL 集成门电路和以互补对称单极型 MOS 管构成的 CMOS 集成门电路。

2. 基本逻辑门

（1）与门

实现与逻辑关系的电路称为与门。

用2个串联开关控制一盏灯，如图5-25所示，与逻辑功能表见表5-16。

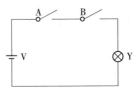

图5-25　与逻辑关系

与逻辑功能表　　　　表5-16

A	B	灯Y
断开	断开	不亮
断开	闭合	不亮
闭合	断开	不亮
闭合	闭合	亮

用A和B代表两个开关，假设闭合为1，不闭合为0，Y代表灯，亮为1，不亮为0，则与逻辑真值可用表5-17表示，与逻辑符号如图5-26所示。这种表征逻辑事件输入和输出之间全部可能状态的表格，称为真值表。

根据实验可知，只有A与B两个开关都闭合，灯才会亮。

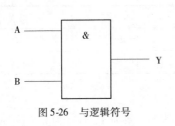

图5-26　与逻辑符号

与逻辑真值表　　　　表5-17

A	B	Y
0	0	0
0	1	0
1	0	0
1	1	1

逻辑表达式：$Y = A \cdot B = AB$

上式读作 Y 等于 A 与 B。

与逻辑关系可总结为：全1出1，有0出0。

（2）或门

实现或逻辑关系的电路称为或门。

用2个并联开关控制一盏灯，如图5-27所示，或逻辑功能表见表5-18。

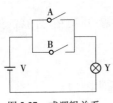

图5-27　或逻辑关系

或逻辑功能表　　　　表5-18

A	B	灯Y
断开	断开	不亮
断开	闭合	亮
闭合	断开	亮
闭合	闭合	亮

用A和B代表两个开关，假设闭合为1，不闭合为0，Y代表灯，亮为1，不亮为0，则或逻辑的真值表见表5-19，与逻辑符号如图5-28所示。

根据实验可知,A 或 B 开关其中一个闭合,灯就会亮。

图 5-28　或逻辑符号

或逻辑真值表　　　表 5-19

A	B	Y
0	0	0
0	1	1
1	0	1
1	1	1

逻辑表达式:$Y = A + B$

上式读作 Y 等于 A 或 B。

或逻辑关系可总结为:全 0 出 0,有 1 出 1。

(3)非门

实现非逻辑关系的电路称为非门。

用 1 个开关控制一盏灯,如图 5-29 所示,非逻辑功能表见表 5-20。

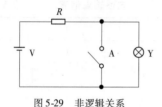

图 5-29　非逻辑关系

非逻辑功能表　　　表 5-20

A	灯 Y
断开	亮
闭合	不亮

用 A 代表开关,假设闭合为 1,不闭合为 0,Y 代表灯,亮为 1,不亮为 0。这种表征逻辑事件输入和输出之间全部可能状态的表格,则非逻辑的真值表见表 5-21,非逻辑符号如图 5-30 所示。

图 5-30　非逻辑符号

非逻辑真值表　　　表 5-21

A	Y
0	1
1	0

根据实验可知,开关 A 闭合,灯不亮,开关 A 打开,灯亮,开关和灯的状态正好相反。

逻辑表达式:　　　　　　　　　　$Y = \overline{A}$

上式读作 Y 等于 A 非(或 A 反)。

非逻辑关系可总结为:输入为 1,输出为 0;输入为 0,输出为 1。

3. 复合逻辑门

表 5-22 为常用与非门、或非门和异或门的逻辑组成、逻辑表达式、逻辑功能以及逻辑符号的对比。

常用逻辑门的逻辑表达式、逻辑功能和逻辑符号 表 5-22

名称	逻 辑 组 成	逻 辑 符 号	逻辑表达式	逻 辑 功 能
与非门	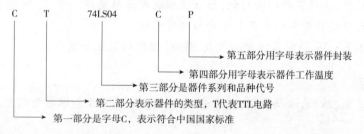		$Y = \overline{A \cdot B}$	有 0 出 1,全 1 出 0
或非门			$Y = \overline{A + B}$	有 1 出 0,全 0 出 1
异或门			$Y = \overline{A}B + A\overline{B}$ $= A \oplus B$	输入相同输出为 0 输入不同输出为 1

4. TTL 门电路

集成 TTL 门电路的输入端和输出端都采用了三极管结构,称为双极型晶体三极管集成电路,简称集成 TTL 门电路。其开关速度快,是目前应用较多的一种集成逻辑门。这里我们不再介绍其内部电路组成,主要了解它的外部特性和逻辑功能。

(1)型号的规定按照现行国家标准规定,TTL 集成电路的型号由 5 部分构成,现以 CT74LS04CP 为例说明型号意义。

C T 74LS04 C P

➤ 第五部分用字母表示器件封装
➤ 第四部分用字母表示器件工作温度
➤ 第三部分是器件系列和品种代号
➤ 第二部分表示器件的类型,T 代表 TTL 电路
➤ 第一部分是字母 C,表示符合中国国家标准

(2)引脚读识:TTL 集成电路通常是双列直插式外形。根据功能不同,有 8 ~ 24 个引脚,引脚编号判读方法是把凹槽标志置于左方,引脚向下,逆时针自下而上顺序排列,如图 5-31 所示。

①与非门 74LS00:2 输入四与非门,引脚排列图如图 5-32 所示,其逻辑表达式分别为 $Y = \overline{A \cdot B}$。

②与门 74LS08:2 输入四与门引脚排列如图 5-33 所示。其逻辑表达式为 $Y = AB$。

③非门 74LS06:六反相器非门引脚排列如图 5-34 所示。其逻辑表达式为 $Y = \overline{A}$。

④异或门 74LS86:2 输入四异或门引脚排列如图 5-35 所示。其逻辑表达式为 $Y = \overline{A}B + A\overline{B} = A \oplus B$。

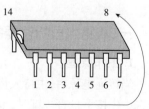

图 5-31 TTL 引脚编号排列

167

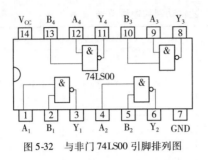

图 5-32 与非门 74LS00 引脚排列图

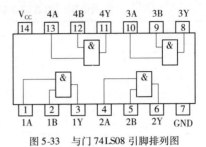

图 5-33 与门 74LS08 引脚排列图

图 5-34 非门 74LS06 引脚排列图

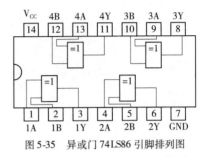

图 5-35 异或门 74LS86 引脚排列图

任务二　4511 八路数显抢答器的装配与调试

知识目标

1. 了解组合逻辑电路的读图方法和步骤。

2. 了解编码器、译码器的引脚功能,会根据功能表正确使用。

3. 了解常用数码显示器件的基本结构和工作原理。

4. 了解基本 RS、JK 触发器的电路组成、特点、逻辑功能及触发方式。

技能目标

1. 熟悉二进制、编码、译码原理,并能分析八路抢答器原理和根据电路原理图进行组装和调试。

2. 灵活运用点焊法对元件进行焊接。

3. 掌握蜂鸣器和数码管引脚识别及好坏检测。

 学习准备

一、八路数显抢答器的基本原理

1. 工作原理

当接通电源后,主持人将开关"开始"后抢答器处于等待状态,编号显示器灭灯,当其中一个选手先按下抢答按键时,抢答完成并且其他的选手抢答无效,通过优先判断、编码锁存、编号显示、扬声器提示,当一轮抢答之后如果再次抢答须由主持人再次按操作"清除或开始"。

2. 基本原理框架图（图5-36）

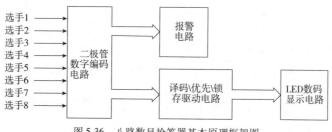

图 5-36　八路数显抢答器基本原理框架图

二、八路数显抢答器电路的功能分析

（1）$S_1 \sim S_8$ 组成 $1 \sim 8$ 路抢答键，$VD_1 \sim VD_{12}$ 组成数字编码器，任一抢答案键按下，都须通过编码二极管编成 BCD 码，将高电平加到 CD4511 所对应的输入端。

（2）CD4511 引脚图和逻辑符号，如图5-37 所示，其中 7、1、2、6 为输入端，分别表示 A、B、C、D；13、12、11、10、9、15、14 为译码输出端，分别表示 a、b、c、d、e、f、g。BI:4 脚是消隐输入控制端。LT:3 脚是测试输入端。LE:锁定控制端。还有两个引脚8、16 分别表示的是 VDD、VSS。

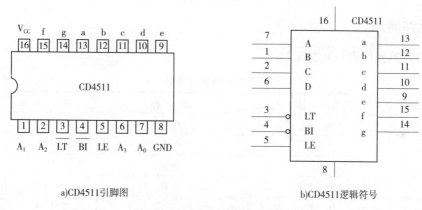

a)CD4511引脚图　　　　　　　　　　　　b)CD4511逻辑符号

图 5-37　CD4511 引脚图和逻辑符号

（3）CD4511 内部电路与 R7、R8、D17、D18、Q1 组成的控制电路可完成优先锁存，当抢答键都未按下时，因为 CD4511 的 BCD 码输入端都有接地电阻（10k），所以 BCD 码的输入端为"0000"，则 CD4511 的输出端 a、b、c、d、e、f 均为高电平，g 为低电平，不能锁存。当 $S_1 \sim S_8$ 任一键按下时，CD4511 的输出端 d 为低电平或输出端 g 为高电平，这两种状态必有一个存在或都存在，迫使 CD4511 的 LE 端（第5脚）由 0 到 1，锁存。

另外，CD4511 也有拒绝伪码的特点，当输入数据越过十进制数9（1001）时，显示字形也自行消隐。同时，CD4511 显示数"6"时，a 段消隐；显示数"9"时，d 段消隐，所以显示6、9 这两个数时，字形不太美观。

（4）抢答器讯响电路通过 4 只 1N4148 组成二极管或门电路，4 只二极管的阳极分别接 CD4511 的 1、2、6、7 脚，任何抢答按键按下，讯响电路都能振荡发出讯响声。

三、电路原理图

八路抢答器电路原理如图 5-38 所示。

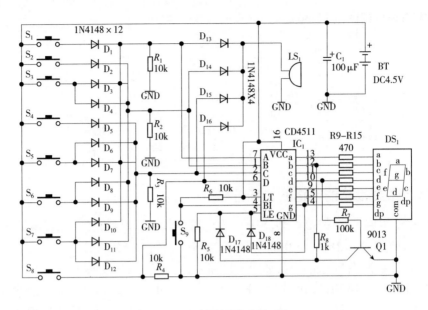

图 5-38　八路抢答器电路原理图

四、元件清单

八路抢答器元件清单见表 5-23。

八路抢答器元件清单　　　　　　　　　　　　表 5-23

安装顺序	位　号	名　称	规　格	数量
1	$R_1 \sim R_6$	电阻	10k	6
	R_7	电阻	100k	1
	R_8	电阻	1k	1
	$R_9 \sim R_{15}$	电阻	470	7
2	$D_1 \sim D_{18}$	二极管	1N4148	18
3	$S_1 \sim S_9$	轻触按键	6mm × 6mm	9
4	IC_1	集成电路插座	16P	1
	集成电路最后安装	集成电路	CD4511	1
5	C1	电解电容	100μF	1
	Q1	三极管	9013	1
6	DS_1	数码管	一位红色	1
7	LS_1	有源蜂鸣器	3.5 ~ 5.5V	1
8	BT	电池盒	3 节 5 号	1
		PCB 板	70mm × 80mm	1

五、准备所用仪器和元器件

(1) 电烙铁, 选用外热式电烙铁, 如图 5-39 所示; 烙铁架, 如图 5-40 所示。

(2) 镊子, 如图 5-41 所示; 钳子, 如图 5-42 所示。

图 5-39 电烙铁

图 5-40 烙铁架

图 5-41 镊子

（3）锡丝：熔点低，焊接牢固，焊点光亮美观，如图 5-43 所示；松香，如图 5-44 所示。

图 5-42 钳子

图 5-43 锡丝

图 5-44 松香

（4）数字万用表，如图 5-45 所示。

（5）八路数显抢答器套件、电路板、各种导线、各种元器件，如图 5-46 所示。

图 5-45 数字万用表

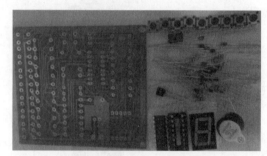

图 5-46 八路数显抢答器套件

 任务实施

一、元器件的识别和检测

1. 元件识别（表 5-24）

元 件 识 别 表 5-24

名　　称	实　物　图	电 路 符 号
电容 C_1		电解电容

名　　称	实　物　图	电　路　符　号
电阻 $R_1 \sim R_{15}$		
二极管 $D_1 \sim D_{18}$		
三极管		
集成电路 CD4511		A_1 □1 16□ V_{DD}　A_2 □2 15□ Yf　$\overline{LT}$ □3 14□ Yg　$\overline{BI}$ □4 13□ Ya　LE □5 CD4511 12□ Yb　A_3 □6 11□ Yc　AO □7 10□ Yd　V_{SS} □8 9□ Ye
数码管 DS_1		g f gnd a b / a / f g b / e c / d dp / e gnd c dp
有源蜂鸣器 LS_1		

2. 元件检测

（1）电阻器 $R_1 \sim R_{15}$ 检测：利用色环读出电阻标称值，用万用表欧姆挡选用合适挡位，测量各个电阻的阻值，并将测量值填入电阻检测表 5-25 中。

电　阻　检　测　　　　　　　　　　　　　　表 5-25

电阻	标称值	测量值	选用挡位	电阻	标称值	测量值	选用挡位
R_1				R_9			
R_2				R_{10}			
R_3				R_{11}			
R_4				R_{12}			
R_5				R_{13}			
R_6				R_{14}			
R_7				R_{15}			
R_8							

（2）二极管 $D_1 \sim D_{18}$ 检测：将数字万用表置于二极管挡位，用数字万用表红表笔接二极管正极，黑表笔接二极管负极，可显示二极管的正向压降，正常应显示零点几的数字（硅材料为 $0.5 \sim 0.8V$，锗材料为 $0.15 \sim 0.3V$），有数值显示如图 5-47a）所示，则表示二极管正向压降为 0.503V，导通；反之，万用表红表笔接二极管负极，黑表笔接二极管正极，若没有数值显示（就和默认未测试状态下的显示内容一样），如图 5-47b）所示，则二极管截止。正向导

a)有数值显示　　　b)无数值显示

图 5-47　测量二极管特性

通，反向截止，视为好的二极管，具体操作如图 5-47 所示，并将测量值填入二极管检测表 5-26 中。

二　极　管　检　测　　　　　　　　　　　　表 5-26

二极管	正向数值	反向数值	好坏判别	二极管	正向数值	反向数值	好坏判别
D_1				D_{10}			
D_2				D_{11}			
D_3				D_{12}			
D_4				D_{13}			
D_5				D_{14}			
D_6				D_{15}			
D_7				D_{16}			
D_8				D_{17}			
D_9				D_{18}			

（3）三极管检测：参考项目三任务一的检测要求，完成表 5-27。

三　极　管　检　测　　　　　　　　　　　　表 5-27

三极管	管体上标注的型号	画出外观形状，标出 B、C、E 的位置
Q_1		

（4）电容器检测：根据电容器外观，完成表5-28。

电 容 器 检 测 表5-28

电　容	类　型	耐　压	容　量
C_1			

（5）蜂鸣器的检测：蜂鸣器负极接电池组负极，蜂鸣器正极极接电池组正极（给正极加正电压），若蜂鸣器有叫声则判别蜂鸣器是好的，否则损坏，具体操作见表5-29。

蜂 鸣 器 的 检 测 表5-29

序号	测 量 现 象	结 果 分 析
1	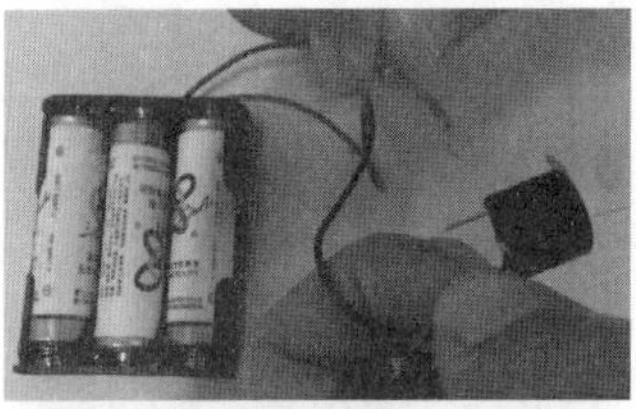	蜂鸣器负极接电池组负极，没有声响
2	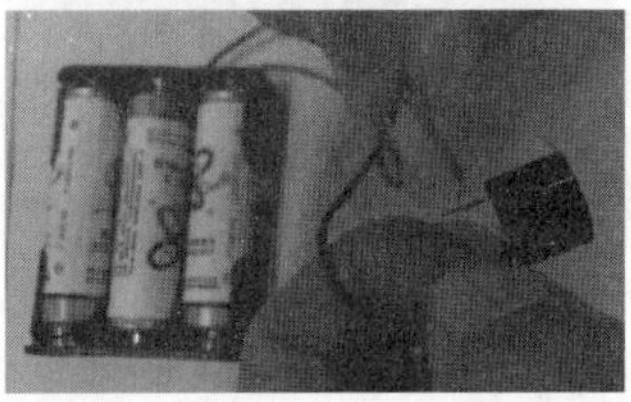	蜂鸣器正极极接电池组正极，蜂鸣器有叫鸣音声

（6）数码管的检测：数字式万用表置二极管挡，黑表笔置公共端，红表笔置其他脚，即分别加正电压，观察数码管相应的笔画应发光，否则有损坏，表5-30所示检测七段数码管的 g 笔画和 b 笔画，用相同的方法依次检测其他引脚。

数 码 管 的 检 测 表5-30

序号	测 量 现 象	结 果 分 析
1	 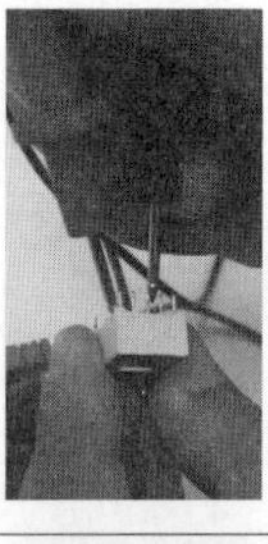	七段数码管 g 笔画亮
2	 	七段数码管 b 笔画亮

（7）按钮的检测：数字式万用表置二极管挡，万用表红黑表笔对接按钮对角，按钮没按，二极管挡不亮；按钮按下时，二极管挡亮；交换另一对按钮对角，现象一致时，说明按钮是好的，具体操作见表5-31。

按　钮　的　检　测　　　　　　　　表 5-31

序号	测 量 现 象	结 果 分 析
1		按钮没按，二极管挡不亮，说明按钮断开
2		按钮按下时，二极管挡亮，说明按钮接通

二、电路的装配焊接过程

装配原则：先低后高，先分立后集成，先小件后大件，同类型元件统一安装。

（1）先分类，再对着元件清单看看元件名称数量有无差错，对每个元件都要进行测量，确认无误后方可焊接，元件套件如图 5-48 所示。

（2）首先焊接电阻和电源线，电池盒红色引线接电路板电源正极，黑色引线接电路板地端，如图 5-49 所示。

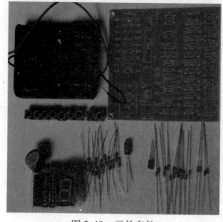

图 5-48　元件套件

图 5-49　焊接电阻和电源线

（3）焊接电解电容，电解电容要注意极性不能装反，电路板上电容符号的阴影部分是负极，如图 5-50 所示。

（4）焊接二极管，其中 $D_1 \sim D_{12}$ 组成数字编码器，注意二极管的正负极性，如图 5-51 所示。

图 5-50　焊接电解电容

图 5-51　焊接二极管

（5）焊接三极管，注意确认三极管 3 个电极的位置，如图 5-52 所示。

（6）焊接按钮，共 9 个，其中 8 个用于八路抢答器用的，最后一个按钮用于主持人复位，如图 5-53 所示。

图 5-52　焊接三极管

图 5-53　焊接 9 个按钮

（7）焊接数码管和蜂鸣器，注意蜂鸣器的正负极和摆放蜂鸣器正确的位置，如图 5-54 所示。

（8）焊接集成块 CD4511 底座，再安装 CD4511 集成块，八路数显抢答器就做好了，如图 5-55 所示。

（9）焊接好的作品交由指导老师验收合格后方可通电实验，用 3 节 1.5V 的 5 号电池，正确放入电池盒，连接线路，按下各个按钮进行工作。

图 5-54　焊接数码管和蜂鸣器

图 5-55　焊接集成块 CD4511

注意事项：

（1）电路板小，焊点靠的近，最好以列或行为焊序。

（2）对照 PCB 图上插上元器件后，先将元器件的一只脚折弯，以固定元器件，然后焊上另一只脚，待确认元器件的型号、方向及位置无误后，将元器件的另几只脚焊接。

（3）注意电容、二极管、三极管的极性。三极管安装时确认三个电极的位置。三极管的型号要看清楚，不要装错。

（4）电阻、二极管因空间足够要横着装，但不紧贴电路板，应离开线路板 5mm。

（5）没有焊盘的点不要焊接。

（6）元器件尽量压低，高的不能超过中周。

三、电路的调试

1. 初步调试

对已完成装配、焊接的工件仔细检查质量，重点是装配的准确性，包括元件位置、二极管和电解电容引脚正负极性是否都插对；接线是否有差错；焊点质量是否有虚焊、漏焊、搭焊及空隙、毛刺等；元件整形及安装方式是否符合工艺要求。

2. 用万用表检查

将数字万用表打到电阻挡 200Ω 挡，或将指针万用表打到电阻挡×1Ω 挡位。

（1）检查集成块的脚位相互有无短路

用表笔分别测量集成块的相邻引脚，电阻不能为零。如出现电阻为零的现象，应分析原因判断是否正常。在本电路中，短路是不正常的，应找出短路的原因。

（2）检查关键点对地有无短路现象

用万用表的表笔（不必分正负）一端接地线，另一端接测量点。测量集成块的各引脚电阻,除集成块的地线电阻应为零,其余不能为零,否则说明电路短路。测量编码二极管的负极对地电阻,电阻不能为零,否则在工作中会损坏二极管。

3. 通电调试

经过初步调试后,可以进行通电调试了。

(1)将电源电压4.5V接到八路抢答器的正负端,不能接错,否则会将集成块烧坏。

(2)这时数码管应为"0",按8个按键中的一个,数码管应显示相应的数码,同时,讯响器发出"嘀"声,松开按键,声音停止,数码管的显示保持原状态不变,如图5-56所示。

(3)分别按其余的按键,数码管显示应保持原状态不变,但讯响器会响。按S9复位键,显示为"0",如图5-57所示。

(4)再次按键,应该显示相应的数码,发出声音,松开按键,声音停止,数显保存不变,如图5-58所示。

(5)调试出八路抢答器的功能要求,本电路制作完成。通过调试出现问题,可以进入下一步故障检修工作。

图5-56 数码管的显示保持原状态

图5-57 数码管的复位状态

图5-58 数码管的一号抢答状态

四、常见故障及检修排除

常见故障及检修排除方法见表 5-32。

常见故障及其检修排除方法　　　　　　　　　　　表 5-32

故 障 现 象	故 障 分 析	检修排除方法
数码管不显示或显示不全	1. 电源是否接好 2. 数码管接触不良或焊点不好 3. 可能 CD4511 损坏	1. 重新连线 2. 移动数码管或重新焊接 3. 更换新元器件
蜂鸣器不响	1. 蜂鸣器焊接是否有问题 2. 测量蜂鸣器两端电压是否为零	1. 重新焊接 2. 电压为零且不变要检查二极管电路

任务评价

项目	考核内容及要求	配分	评 分 标 准	得分
安全 文明生产	操作规范、注意操作过程人身、设备安全,并注意遵守劳动纪律	10 分	损坏仪器仪表该项扣完;桌面不整洁,扣 5 分;仪器仪表、工具摆放凌乱,扣 5 分	
元件识别和检测	元件清点检查:用万用表对所有元器件进行检测,并将不合格的元器件筛选出来进行更换,缺少的要求补发	20 分	错选或检测错误,每个元器件扣 2 分	
装配工艺	元器件引脚成型符合要求;元器件装配到位、装配高度、装配形式符合要求;外壳及紧固件装配到位,不松动,不压线	20 分	装配不符合要求,每处扣 2 分	
焊接工艺	按装配图进行接装。要求:无虚焊、桥接、漏焊、半边焊、毛刺、焊锡过量或过少、助焊剂过量等;无焊盘翘起、脱落;无损坏元器件;无烫伤焊盘、导线、塑料件、外壳;整板焊接点清洁。插孔式元器件引脚长度 2～3mm,且剪切整齐	25 分	焊接不符合要求,每处扣 2 分	
电路调试与检修	正确使用仪器仪表	5 分	1. 装配完成检查无误后,通电试验,如有跳过初步调试直接通电调试出现问题,扣 5 分。 2. 如有故障应进行排除。若故障未排除,该项计扣 10 分	
	供电直流电压 4.5V	5 分		
	按要求做到初步调试、万用表检查项目和通电调试	15 分		
合计		100 分		

注:各项配分扣完为止。

知识拓展

在数字电路中,数字电路可分为组合逻辑电路和时序逻辑电路两大类。

所谓组合逻辑电路,输出仅由输入决定,与电路当前状态无关;电路结构中无反馈环路(无记忆)。电路不包含有记忆性的元件,组合逻辑电路在结构上也不存在输出到输入的反馈通路,组合电路通常是由各种门电路构成。

一、组合逻辑电路的读图方法

组合逻辑电路的读图是数字电路的重要环节,只有看懂、理解电路图,才能明确电路的基本功能,进而才能对电路进行应用、测试和维修。组合逻辑电路的读图步骤一般按图 5-59 所示的方法进行。

图 5-59　组合逻辑电路的读图步骤

(1)根据逻辑图从电路的输入到输出逐级写出逻辑表达式,得到表示输出与输入关系的逻辑表达式。

(2)利用公式化简法或卡诺图化简法将得到的表达式化简或变换。有时为了使电路的逻辑功能更加直观,还需要列出输出与输入之间的逻辑真值表。

(3)根据函数表达式或逻辑真值表确定组合电路的逻辑功能。

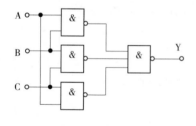

图 5-60　电路逻辑电路

【例 5-1】　读图并分析图 5-60 所示电路的逻辑功能。

解:第一步,根据电路逐级写出逻辑表达式:

$$Y_1 = \overline{AB}$$
$$Y_2 = \overline{BC}$$
$$Y_3 = \overline{CA}$$
$$Y = \overline{Y_1 Y_2 Y_3} = \overline{\overline{AB}\ \overline{BC}\ \overline{AC}}$$
$$Y = AB + BC + CA$$

第二步,由化简逻辑函数表达式列出真值表,见表 5-33。

函 数 真 值 表　　表 5-33

输	入		输 出	输	入		输 出
A	B	C	Y	A	B	C	Y
0	0	0	1	1	0	0	0
0	0	1	0	1	0	1	0
0	1	0	0	1	1	0	0
0	1	1	0	1	1	1	1

第三步,分析确定电路逻辑功能。从真值表可看出:3 个输入量 A、B、C 同为 1 或同为 0 时,输出为 1,否则为 0,所以该电路的功能室用来判断输入信号是否相同,相同时为 1,不同时输出为 0,称其为"一致判别电路"。

二、编码器

编码器是一种常用的组合逻辑电路。所谓编码就是用二进制代码表示特定对象的过程。能够实现编码功能的数字电路称为编码器。

按输出代码种类的不同,可将编码器分为二进制编码器和二—十进制编码器两种。

1. 二进制编码器

二进制编码器:将 2^n 个输入信号编成 n 位二进代码的电路。

图 5-61 是三位二进制编码器示意图。输入:8 个编码信号,用 I_0、I_1、$\cdots$、I_7 表示,输出:三位二进制代码,用 A、B、C 表示。

在任何时刻,编码器只能对一个输入信号进行编码,即要求输入的 8 个变量中,任一个为 1 时,其余 7 个均为 0,电路输出对应的二进制代码。如要对 I_3 编码,则 $I_3 = 1$,其余 7 个输入均为 0,A、B、C 编码输出为 101。表 5-34 是二进制编码器真值表。

二进制编码器真值表　　　　　　　　　　表 5-34

十进制数	输入 I	输出 A	输出 B	输出 C
0	I_0	0	0	0
1	I_1	0	0	1
2	I_2	0	1	0
3	I_3	0	1	1
4	I_4	1	0	0
5	I_5	1	0	1
6	I_6	1	1	0
7	I_7	1	1	1

2. 二—十进制编码器

二—十进制编码器:将十进制数的 10 个数字 0～9 编成二进代码的电路,如图 5-62 所示。最常用的是 8421BCD 编码器。它有 10 个输入,分别用 I_0、I_1、$\cdots$、I_9 来表示;4 个输出分别用 A、B、C、D 来表示,见表 5-35。

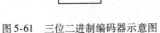

图 5-61　三位二进制编码器示意图

图 5-62　二—十进制编码器

二—十进制编码器真值表　　　　　　　　表 5-35

十进制数	输入 I	输出 A	输出 B	输出 C	输出 D
0	I_0	0	0	0	0
1	I_1	0	0	0	1

续上表

十进制数	输　入	输　　出			
	I	A	B	C	D
2	I_2	0	0	1	0
3	I_3	0	0	1	1
4	I_4	0	1	0	0
5	I_5	0	1	0	1
6	I_6	0	1	1	0
7	I_7	0	1	1	1
8	I_8	1	0	0	0
9	I_9	1	0	0	1

3. 典型编码集成电路

在实际编码集成电路中,为了避免出现在多个输入同时有信号情况下出现输出的混乱现象,常常将电路设计成优先编码方式,即允许几个输入端同时有信号,但只对其中优先级别最高的对象进行编码。

常用的中规模集成电路 8 线~3 线优先编码器有 74LS148。

图 5-63 所示为 74LS148 管脚图,$\overline{I_7} \sim \overline{I_0}$ 代表 8 个输入端,$\overline{Y_2} \sim \overline{Y_0}$ 代表 3 位输出。$\overline{S}$、$\overline{Y_{EX}}$、$\overline{Y_S}$ 分别为使能输入端、扩展输出端和使能输出端,功能表见表 5-36。

优先编码器 74LS148 的功能表　　　表 5-36

使能输入	输　　　　入								输　　出			扩展输出	使能输出
$\overline{S}$	$\overline{I_7}$	$\overline{I_6}$	$\overline{I_5}$	$\overline{I_4}$	$\overline{I_3}$	$\overline{I_2}$	$\overline{I_1}$	$\overline{I_0}$	$\overline{Y_2}$	$\overline{Y_1}$	$\overline{Y_0}$	$\overline{Y_{EX}}$	$\overline{Y_S}$
1	×	×	×	×	×	×	×	×	1	1	1	1	1
0	1	1	1	1	1	1	1	1	1	1	1	1	0
0	0	×	×	×	×	×	×	×	0	0	0	0	1
0	1	0	×	×	×	×	×	×	0	0	1	0	1
0	1	1	0	×	×	×	×	×	0	1	0	0	1
0	1	1	1	0	×	×	×	×	0	1	1	0	1
0	1	1	1	1	0	×	×	×	1	0	0	0	1
0	1	1	1	1	1	0	×	×	1	0	1	0	1
0	1	1	1	1	1	1	0	×	1	1	0	0	1
0	1	1	1	1	1	1	1	0	1	1	1	0	1

注:①$\overline{I_7}$ 为最高优先级,即只要 $\overline{I_7} = 0$,不管其他输入端是 0 还是 1,输入只对 $\overline{I_7}$ 编码。

②$\overline{S}$ 为使能输入端,只有 $\overline{S} = 0$ 时编码器才工作。

三、译码器

1. 二进制译码器

在实际应用中最常见的是中规模集成电路74LS138,它是一个3~8线译码器,它的管脚图如图5-64所示。

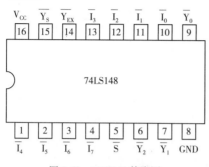

图5-63　74LS148 管脚图

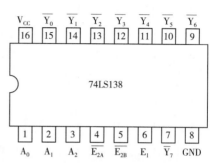

图5-64　74LS138 管脚图

该译码器有 3 个输入端,输入三位二进制代码;有 8 个输出端(低电平有效)。

当 E_1 为 1 且$\overline{E_{2A}}$和$\overline{E_{2B}}$均为 0 时,译码器处于工作状态,否则译码器不工作。功能表见表5-37。

74LS138 译码器功能表　　　　　　　　　　　　　　　表 5-37

输　　入						输　　出							
E_1	$\overline{E_{2A}}$	$\overline{E_{2B}}$	A_2	A_1	A_0	$\overline{Y_7}$	$\overline{Y_6}$	$\overline{Y_5}$	$\overline{Y_4}$	$\overline{Y_3}$	$\overline{Y_2}$	$\overline{Y_1}$	$\overline{Y_0}$
×	1	×	×	×	×	1	1	1	1	1	1	1	1
×	×	1	×	×	×	1	1	1	1	1	1	1	1
0	×	×	×	×	×	1	1	1	1	1	1	1	1
1	0	0	0	0	0	1	1	1	1	1	1	1	0
1	0	0	0	0	1	1	1	1	1	1	1	0	1
1	0	0	0	1	0	1	1	1	1	1	0	1	1
1	0	0	0	1	1	1	1	1	1	0	1	1	1
1	0	0	1	0	0	1	1	1	0	1	1	1	1
1	0	0	1	0	1	1	1	0	1	1	1	1	1
1	0	0	1	1	0	1	0	1	1	1	1	1	1
1	0	0	1	1	1	0	1	1	1	1	1	1	1

2. 二—十进制译码器

典型的二—十进制译码器有 74LS42,它的管脚图如图5-65所示。该译码器有 A0~A3 共 4 个输入端(表示 4 位 8421BCD 码),$\overline{Y_0}$~$\overline{Y_9}$ 共 10 个输出端(代表 10 个十进制数码 0~9),输出低电平有效。二—十进制译码器也称为 4 线~10 线译码器。功能表见表5-38。

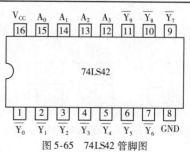

图5-65　74LS42 管脚图

183

74LS42 二—十进制译码器功能表 表 5-38

输入				输出									
A_3	A_2	A_1	A_0	$\overline{Y_9}$	$\overline{Y_8}$	$\overline{Y_7}$	$\overline{Y_6}$	$\overline{Y_5}$	$\overline{Y_4}$	$\overline{Y_3}$	$\overline{Y_2}$	$\overline{Y_1}$	$\overline{Y_0}$
0	0	0	0	1	1	1	1	1	1	1	1	1	0
0	0	0	1	1	1	1	1	1	1	1	1	0	1
0	0	1	0	1	1	1	1	1	1	1	0	1	1
0	0	1	1	1	1	1	1	1	1	0	1	1	1
0	1	0	0	1	1	1	1	1	0	1	1	1	1
0	1	0	1	1	1	1	1	0	1	1	1	1	1
0	1	1	0	1	1	1	0	1	1	1	1	1	1
0	1	1	1	1	1	0	1	1	1	1	1	1	1
1	0	0	0	1	0	1	1	1	1	1	1	1	1
1	0	0	1	0	1	1	1	1	1	1	1	1	1

四、数码显示器

在数字计算系统及测量仪表(如电子表、数显温度计、数字万用表)中,常需要把译码结果用人们习惯的十进制数码的字形显示出来,因此,必须用译码器的输出去驱动显示器件,具有这种功能的译码器称为数字显示译码器。

数字显示电路通常由计数器、译码器、驱动器、显示器等组成,其框图如图 5-66 所示。

图 5-66　数字显示电路框图

1. 数码显示器件

数字显示器件是用来显示数字、文字或者符号的器件,常见的有辉光数码管、荧光数码管、液晶显示器(LCD)、半导体数码管(LED)、场致发光数字板、等离子体显示板等,虽然它们结构各异,但译码显示的原理是相同的。下面介绍最常用的半导体数码管。

七段半导体数码管是由 7 个发光二极管按"日"字形状排列制成的,有共阳极型和共阴极型两种,如图 5-67 所示。

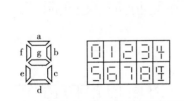

a)发光线段分段图和发光线段组成的数字图形

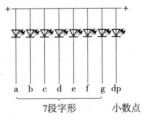

b)共阳极方式

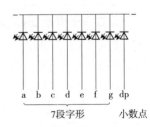

c)共阴极方式

图 5-67　七段显示 LED 数码管

2. 七段显示译码器

由图5-67可知,七段数码显示器是通过 a～g 7 个发光线段的不同组合来表示 0～9 共 10 个十进制数码的。这就要求译码器把 10 组 8421BCD 码翻译成用于显示的七段二进制代码(abcdefg)信号。而 CMOS 集成电路 CD4511 就有这样的功能。CD4511 是一块用于驱动共阴极 LED(数码管)显示器的 BCD 码—七段码译码器,与数码管驱动端相连,就能实现对 LED 显示器的直接驱动。它的引脚排列如图5-68 所示。功能表见表5-39。

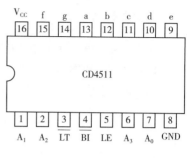

图 5-68　CD4511 引脚排列

①A_3～A_0 为 4 线输入(8421BCD 码),a～g 为 7 段输出,输出高电平有效。

②功能端BT是消隐输入控制端,当$\overline{BT}$时,不管其他输入端状态如何,7 段数码管均处于熄灭(消隐)状态,不显示数字。

③LT脚是测试输入端,当$\overline{BT}=1$,$\overline{LT}=0$ 时,不管输入如何译码输出全为 1。

④LE 为锁定控制端,当 LE =0 时,允许译码输出。

CD4511 的功能表　　　　表 5-39

输　　入							输　　出							显示
LE	$\overline{BI}$	$\overline{LT}$	A3	A2	A1	A0	a	b	c	d	e	f	g	
×	1	0	×	×	×	×	1	1	1	1	1	1	1	8
×	0	1	×	×	×	×	0	0	0	0	0	0	0	消隐
0	1	1	0	0	0	0	1	1	1	1	1	1	0	0
0	1	1	0	0	0	1	0	1	1	0	0	0	0	1
0	1	1	0	0	1	0	1	1	0	1	1	0	1	2
0	1	1	0	0	1	1	1	1	1	1	0	0	1	3
0	1	1	0	1	0	0	0	1	1	0	0	1	1	4
0	1	1	0	1	0	1	1	0	1	1	0	1	1	5
0	1	1	0	1	1	0	0	0	1	1	1	1	1	6
0	1	1	0	1	1	1	1	1	1	0	0	0	0	7
0	1	1	1	0	0	0	1	1	1	1	1	1	1	8
0	1	1	1	0	0	1	1	1	1	0	0	1	1	9
0	1	1	1	0	1	0	0	0	0	0	0	0	0	
0	1	1	1	0	1	1	0	0	0	0	0	0	0	
0	1	1	1	1	0	1	0	0	0	0	0	0	0	
0	1	1	1	1	0	0	0	0	0	0	0	0	0	消隐
0	1	1	1	1	1	0	0	0	0	0	0	0	0	
0	1	1	1	1	1	1	0	0	0	0	0	0	0	
1	1	1	×	×	×	×	锁存							锁存

五、触发器

触发器是一种具有记忆功能并且其状态能在触发脉冲作用下迅速翻转的逻辑电路。

1. 基本 RS 触发器

（1）电路组成（图 5-69）

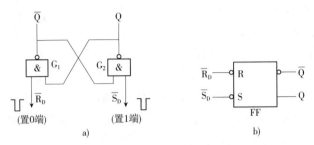

图 5-69　基本 RS 触发器电路组成

①2 个输入端 $\overline{R}_D$、$\overline{S}_D$，2 个输出端 $\overline{Q}$、Q。

②触发器的状态：触发器 Q 的状态。

$$Q = 0(\overline{Q} = 1)$$

$$Q = 1(\overline{Q} = 0)$$

③稳定时，触发器有两种可能的稳态，"0"、"1"又称双稳态。

④触发器工作正常时，Q 和 $\overline{Q}$ 的逻辑关系是互补的。

要实现两个稳态的转换→外加适当的触发信号。

（2）逻辑功能

Q 状态决定于输入端 $\overline{R}_D$、$\overline{S}_D$ 电平高低。

$\overline{R}_D = 0$，$\overline{S}_D = 1$，则 $Q = 0(\overline{Q} = 1)$。

$\overline{R}_D = 1$，$\overline{S}_D = 0$，则 $Q = 1(\overline{Q} = 0)$。

$\overline{S}_D = 1$，$\overline{R}_D = 1$，则 Q 不变。

$\overline{R}_D = 0$，$\overline{S}_D = 0$，Q 不定，$\overline{Q}$ 不定。

基本 RS 触发器真值见表 5-40。

基本 RS 触发器真值表　　　　　　　　　　　　　　表 5-40

$\overline{R}_D$	$\overline{S}_D$	Q	$\overline{R}_D$	$\overline{S}_D$	Q
0	1	0	1	1	不变
1	0	1	0	0	不定

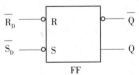

图 5-70　基本 RS 触发器
逻辑符号

（3）结论

①触发器置 0：把 $\overline{R}_D$ 端加负脉冲使触发器由 1→0。

②触发器置 1：把 $\overline{S}_D$ 端加负脉冲使触发器由 0→1。

③触发器的翻转：触发器状态在外加信号作用下转换的过程。

④逻辑符号如图 5-70 所示。

2. 钟控同步 RS 触发器

（1）电路组成

基本 RS 触发器加一个控制端。

①作用如下：

a. 无控制触发脉冲时，RS 触发器只对 RS 端出现的触发电平起暂存作用，不会立即翻转。

b. 有 CP 作用时，触发器才按存入的信息翻转。

②控制触发脉冲是指指挥数字系统中各触发器协同工作的主控脉冲，称为"时钟脉冲"，用 CP 表示。

③钟控同步 RS 触发器——带有控制端的基本 RS 触发器。

（2）逻辑符号和逻辑功能

①逻辑符号，如图 5-71 所示。

②逻辑功能：根据图 5-72 所示钟控同步 RS 触发器电路图。

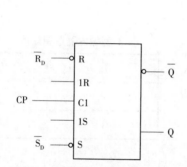

图 5-71　钟控同步 RS 触发器逻辑符号

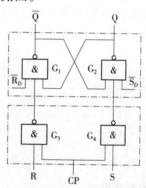

图 5-72　钟控同步 RS 触发器电路图

a. CP $=0$（低）时，G_3、G_4 门输出高电平，基本 RS 触发器维持原状态不变。

b. CP $=1$ 时，G_3、G_4 门输出分别为 $\overline{R}$ 和 $\overline{S}$，基本 RS 触发器由低电平起作用变为高电平起作用。

（3）真值表（表 5-41）

钟控同步 RS 触发器真值表　　　　　　　　　　　表 5-41

S	R	Q_{n+1}	S	R	Q_{n+1}
0	0	Q_n	0	1	0
1	0	1	1	1	不定

（4）$\overline{R}_D$、$\overline{S}_D$ 直接置 1，置 0 端。

3. JK 触发器

（1）电路结构，如图 5-73 所示。

（2）逻辑功能分析：

$$初态\ Q=0(\overline{Q}=1)\ \overline{R}_D=\overline{S}_D=1,悬空,J'=\overline{Q},K'=Q。$$

①$J=K=1$，$Q_{n+1}=\overline{Q}_n$

187

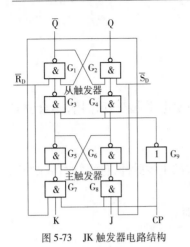

图 5-73　JK 触发器电路结构

② $J = K = 0$，G_7、G_8 输出为 1，被封锁，$Q_{n+1} = Q_n$

③ $J = 1$，$K = 0$，$Q_{n+1} = 1$

④ $J = 0$，$K = 1$，$Q_{n+1} = 0$

注：G_6、G_5 初始与 G_2、G_1 应一致。

（3）JK 触发器真值表，如表 5-42 所示。

JK 触发器真值表　　　　表 5-42

J	K	Q_{n+1}
0	0	Q_n
1	1	$\overline{Q}_n$
1	0	1
0	1	0

4. T 型触发器

（1）电路结构，如图 5-74 所示。

（2）逻辑功能，如表 5-43 所示。

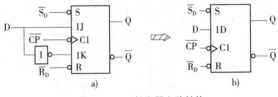

图 5-74　T 型触发器电路结构

T 型触发器逻辑功能　　表 5-43

T_n	Q_{n+1}
0	Q_n
1	$\overline{Q}_n$

5. D 型触发器

（1）电路结构，如图 5-75 所示。

（2）逻辑功能，如表 5-44 所示。

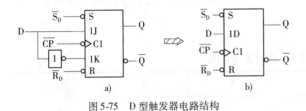

图 5-75　D 型触发器电路结构

D 型触发器逻辑功能　　表 5-44

D	Q_{n+1}
1	1
0	0

任务三　流水灯电路的制作

知识目标

1. 了解典型集成移位寄存器的基本功能和应用。

2. 掌握典型计数集成电路 4017 的引脚功能和应用常识。

3. 了解 555 时基电路的引脚功能和逻辑功能。

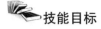技能目标

1. 了解流水灯电路的工作原理。
2. 能用主要电子元件集成块 4017 和 NE555 装配流水灯电路。
3. 掌握简单流水灯电路的调试技术。

学习准备

一、电路说明

本套件由 NE555 组成的多谐振荡器和 CD4017 十进制计数器/脉冲分配器组成。改变 R_{P1} 大小可改变振荡周期,即灯组流动速度。当第 1 个脉冲到来时,Q_0 输出高电平,LED1 点亮,第二个脉冲到来时,Q_1 输出高电平,LED2 点亮…直到 Q_9 输出高电平,LED10 亮,完成一个循环输出;接着进行下一轮输出,由 LED1 亮,LED2 亮……

二、4017 集成块的工作原理和管脚功能

1. CD4017 工作原理

CD4017 为一个十进制计数器,共有 $Q_0 \sim Q_9$ 共 10 个输出端。它的 CLK 端接收工作周期调整电路所产生的频率,一开始时 Q_0 为 1,其余为 0;第 1 个频率输入时 Q_1 为 1,其余为 0;第 2 个频率输入时 Q_2 为 1,其余为 0,以此类推,第 9 个频率输入时 Q_9 为 1 其余为 0;第 10 个频率输入时回复到 Q_0 为 1,其余为 0。由此可知,CD4017 Q_0 至 Q_9 的输出每 10 个频率形成一个循环,刚好对应整个动作过程的 10 个工作周期。

2. CD4017 管脚功能

CD4017 内部是除 10 的计数器及二进制对 10 进制译码电路。CD4017 有 16 支脚,除电源脚 VDD 及 VSS 为电源接脚,输入电压范围为 3～15V 之外,其余接脚为:

(1)频率输入脚

CLOCK(14 脚),时钟输入端,脉冲上升沿有效。

(2)数据输出脚

①$Q_0 \sim Q_9$(Pin3,2,4,7,10,1,5,6,9,11),为解码后的时进制输出接脚,被计数到的值,其输出为 Hi,其余为 Lo 电位。

②CARRY OUT(12 脚),进位脚,当 4017 计数 10 个脉冲之后,CARRY OUT 将输出一个脉波,代表产生进位,供串级计数器使用。

(3)控制脚

①CLEAR(15 脚):清零输入端,当此脚加高电平或正脉冲时,会使 CD4017 的 Q_0 为 "1",其余 $Q_1 \sim Q_9$ 为"0"。

②CLOCK ENABLE(13 脚):时序允许脚,当此脚为低电位,CLOCK 输入脉波在正缘时,会使 CD4017 计数,并改变 $Q_0 \sim Q_9$ 的输出状态。

三、电路原理图

流水灯电路原理如图 5-76 所示。

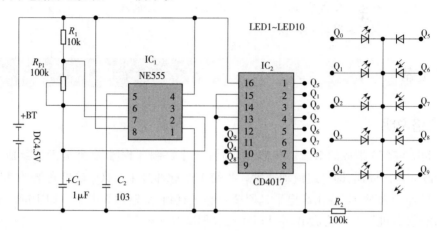

图 5-76　流水灯电路原理图

四、元件清单

流水灯元件清单见表 5-45。

流水灯元件清单　　　　　　　　　　表 5-45

安装顺序	位　号	名　称	规　格	数量
1	R_1	电阻	10k	1
	R_2	电阻	100k	1
2	IC_1 集成电路最后安装	集成电路插座	8P	1
		集成电路	ME555	1
	IC_2 集成电路最后安装	集成电路插座	16P	1
		集成电路	CD4017	1
3	R_{P1}	可调电阻	100k	1
4	LED1 ~ LED10	发光二极管	3mm	10
5	C_1	电解电容	16P	1
	C_2	瓷片电容	103	1
6	BT	电池盒	三节 5 号	1
		PCB 板	35mm × 65mm	1

五、准备所用仪器和元器件

（1）电烙铁，选用外热式电烙铁，如图 5-77 所示；烙铁架，如图 5-78 所示。

（2）镊子，如图 5-79 所示；钳子，如图 5-80 所示。

（3）锡丝：熔点低，焊接牢固，焊点光亮美观，如图 5-81 所示；松香，如图 5-82 所示。

（4）数字万用表，如图5-83所示。

（5）4017流水灯套件、电路板、各种导线、各种元器件等，如图5-84所示。

图5-77　电烙铁

图5-78　烙铁架

图5-79　镊子

图5-80　钳子

图5-81　锡丝

图5-82　松香

图5-83　数字万用表

图5-84　4017流水灯套件

 **任务实施**

一、元器件识别、检测和识图

1. 元件识别（表5-46）

元件识别　　　　　　　　　　　　　　　表5-46

名　称	实　物　图	电　路　符　号
电容 C_1 C_2		———┤├———　　———+┤├——— 瓷片电容　　　　电解电容

191

名　称	实 物 图	电 路 符 号
电阻 R_1 R_2		
发光二极管 LED1～LED10		
可调电阻 R_{P1}		
集成电路 CD4017	MC14017BCP CP0A0109	V_{DD} CR CP INH CO Q_9 Q_4 Q_8 16 15 14 13 12 11 10 9 1 2 3 4 5 6 7 8 Q_5 Q_1 Q_0 Q_2 Q_6 Q_7 Q_3 V_{SS}
集成电路 NE555		V_{CC} DIS TH V_K 8 7 6 5 1 2 3 4 GND $\overline{TR}$ v_0 $\overline{MR}$

2. 元件检测

（1）电阻器 R_1、R_2：利用色环读出电阻标称值，用万用表欧姆挡选用合适挡位，测量各个电阻的阻值，并将测量值填入电阻检测表 5-47 中。

电 阻 检 测　　　　　　　　　　　　　　　表 5-47

电　阻	标 称 值	测 量 值
R_1		
R_2		

（2）可变电阻 R_{P1}：旋转电位器，用数字万用表欧姆挡测量最大和最小测量值，并把数值填入表5-48中。

可变电阻检测 表5-48

电 阻	标 称 值	最大测量值	最小测量值
R_{P1}			

（3）发光二极管 LED1～LED10：将数字万用表置二极管的挡位，红笔接发光二极管的正极，黑笔接发光二极管的负极，如果发光，说明发光二极管是好的；如果不发光，说明发光二极管内部开路。具体操作如图5-85所示，并将测量值填入二极管检测表5-49中。

图5-85 测量发光二极管好坏

发光二极管检测表 表5-49

发光二极管	正向亮或暗	反向亮或暗	好坏判别	发光二极管	正向亮或暗	反向亮或暗	好坏判别
LED1				LED6			
LED2				LED7			
LED3				LED8			
LED4				LED9			
LED5				LED10			

（4）电容器的检测：根据电容器外观，完成表5-50。

电容器检测 表5-50

电 容	类型（瓷片或电解电容）	耐 压	容 量
C_1			
C_2			

二、元器件装配与焊接

1. 装配准备

（1）分析印制线路板与元器件对应关系（编号、极性、参数）。

（2）元器件引脚预处理（去氧化、整形）。

（3）插接元器件、焊接。

①电阻、二极管、三极管、瓷片电容要离开线路板 5mm。

②装配原则：先低后高，先分立后集成，先小件后大件，同类型元件统一安装。

2. 4017 流水灯套件焊接过程

（1）先分类，再对着元件清单看看元件名称数量有无差错，对每个元件都要进行测量，确认无误后方可焊接，元件套件如图 5-86 所示。

（2）首先焊接电阻和电源线，如图 5-87 所示。

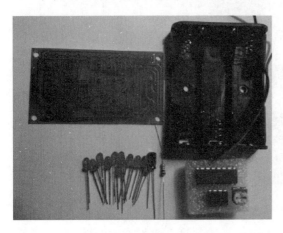
图 5-86　元件套件

图 5-87　焊接电阻和电源线

（3）焊接电解电容和瓷片电容，电解电容要注意极性不能装反，电路板上电容符号的阴影部分是负极，如图 5-88 所示。

（4）焊接可调电阻，100k 可调电阻是用来调整灯组流动速度，如图 5-89 所示。

图 5-88　焊接电容

图 5-89　焊接可调电阻

（5）焊接发光二极管，注意：为了提高美观程度，10 个发光二极管的安装高度尽量保持同一高度，如图 5-90 所示。

图 5-90　焊接发光二极管

（6）最后焊接两个集成电路插座，装上 555 和 4017，4017 流水灯套件就做好了，图 5-91 所示为流水灯套件元件面和焊接面。

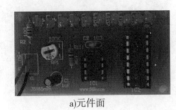

a)元件面　　　　　　　　　b)焊接面

图 5-91　流水灯套件元件面和焊接面

三、电路的调试

1. 初步调试

对已完成装配、焊接的工件要仔细检查质量，重点是装配的准确性，包括元件位置、发光二极管和电解电容引脚正负极性是否都插对；接线是否有差错；焊点质量是否有虚焊、漏焊、搭焊及空隙、毛刺等；元件整形及安装方式是否符合工艺要求。

2. 用万用表检查

将数字万用表打到电阻挡 200Ω 挡，或将指针万用表打到电阻挡 ×1Ω 挡位。

（1）检查集成块的脚位相互有无短路。用表笔分别测量集成块的相邻引脚，电阻不能为零。如出现电阻为零的现象，应分析原因判断是否正常。

（2）检查关键点对地有无短路现象。用万用表的表笔（不必分正负）一端接地线，另一端接测量点。测量集成块的各引脚电阻，除集成块的地线电阻应为零，其余不能为零，否则说明电路短路。

3. 通电调试

经过初步调试后，可以进行通电调试了。

（1）将电源电压 4.5V 接到流水灯电路的正负端，不能接错，否则会将集成块烧坏。

（2）观察发光二极管是否变亮。如果亮，发光二极管首先点亮的是 LED1，如图 5-92 所示；后依次点亮，点亮的是 LED2，如图 5-93 所示；再接着点亮的是 LED3，如图 5-94 所示，最后点亮发光二极管 LED10，如图 5-95 所示；图 5-96 所示发光二极管 LED10 灭、LED1 亮的瞬间；后一个发光二极管亮，前一个发光二极管灭，依次循环。

图 5-92　发光二极管 LED1 亮

图 5-93　发光二极管 LED2 亮

图 5-94　发光二极管 LED3 亮

图 5-95　发光二极管 LED10 亮

图 5-96　发光二极管 LED10 灭、LED1 亮的瞬间

（3）适当改变电位器 R_{P1} 的阻值，观察其对 CD4017 循环周期（发光二极管依次循环一周）的影响。利用秒表记录 CD4017 一个合适循环周期的时间（分别测量电阻最大时、最小时、合适时的周期），将测量结果填入流水灯循环周期表 5-51 中。

流水灯循环周期　　　　　　　　　　　　　　　　　　表 5-51

电阻 周期	电位器 R_{P1} 电阻最大	电位器 R_{P1} 电阻最小
循环周期		

（4）调试出水流灯的功能要求，本电路制作完成。通过调试出现问题，可以进入下一步故障检修工作。

四、常见故障及检修方法

常见故障及检修方法见表5-52。

常见故障及其检修方法　　　　　　　　　　　　　　　表 5-52

故 障 现 象	故 障 分 析	检 修 方 法
发光二极管（LED1-LED10） 不显示或显示不全	电源是否接好	重新连线
	焊点虚焊	重新焊接
	发光二极管极性接反或损坏	极性调整重新焊接或更换新元器件
	可能 CD4017 损坏	更换新元器件
	可能 NE555 损坏	更换新元器件

 **任务评价**

项目	内　　容	配分	考 核 要 求	扣 分 标 准	得分
工作态度	1. 工作的积极性。 2. 安全操作规程的遵守情况。 3. 纪律遵守情况和团结协作精神	30 分	工作过程积极参与，遵守安全操作规程和劳动纪律，有良好的职业道德、敬业精神及团结协作精神	1. 违反安全操作规程扣30 分，其余不达要求酌情扣分。 2. 当实训过程中他人有困难能给予热情帮助则加 5 ~ 10 分	
实训要求	1. 熟悉基本逻辑门的逻辑关系。 2. 重点掌握555 振荡电路和4017 集成块的管脚功能。 3. 检修流水灯电路的故障。通过学生动手训练和对整机的调试提高技能训练水平，达到理论和实践的结合。 4. 做出流水灯电路的评价报告	50 分	1. 能够使用万用表，测量电阻的阻值。 2. 能够用色标法读电阻值。 3. 能判别发光二极管的好坏及正负极。 4. 能够判别电解电容正负极并读出耐压和电容值。 5. 能够识别 4017 和 555 集成块的引脚顺序和管脚功能	1. 不能正确使用万用表的扣 10 分。 2. 元件分类不规范的扣5 分。 3. 元件检测错误每个项目扣 10 分。 4. 检测未完成的每个项目扣 5 分	
工作报告	1. 工作报告内容完整。 2. 工作报告卷面整洁	20 分	1. 工作报告内容完整。 2. 测量数据准确合理。 3. 工作报告卷面整洁	1. 工作实训报告内容欠完整，酌情扣分。 2. 工作报告卷面欠整洁，酌情扣分	
合计		100 分			

注：各项配分扣完为止。

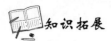知识拓展

一、时序逻辑电路

按照逻辑功能和电路的不同,数字电路可分为组合逻辑电路和时序逻辑电路两类。时序逻辑电路的电路输出状态不仅与同一时刻的输入状态有关,而且与电路原有状态有关。

时序逻辑电路简称时序电路,由组合逻辑门电路和存储电路两部分组成。时序电路按状态转换情况,可分为同步时序电路和异步时序电路。在同步时序电路中,组成存储电路的各触发器,受同一时钟脉冲的控制,状态的改变都在同一时刻发生;异步时序电路中各触发器的状态改变则不在同一时刻发生。

二、寄存器

寄存器主要用来存放数码和信息,在计算机系统中常常要将二级制数码暂时存放起来等待处理,这就需要由寄存器参加运算的数据。寄存器由触发器和门电路组成,一个触发器只能存放一位二级制数码,存放 N 位二进制数码就需要 N 个触发器。

寄存器有多重类型,按寄存器的功能的不同,可分为数码寄存器和一位寄存器;按寄存器输入、输出方式不同,可分为并行方式和串行方式。并行方式是各位数码从寄存器各个触发器同时输入或同时输出;串行方式是各位数码从寄存器输入端逐个输入,在输出端是逐个输出。

1. 数码寄存器

能够存放二进制数码的电路称为数码寄存器。下面以集成寄存器 74LS175 为例介绍数码寄存器的工作过程。

74LS175 的逻辑电路图及引脚图分别如图 5-97 所示,其真值见表 5-53。其中,R_D 是异步清零控制端,$D_0 \sim D_3$ 是并行数据输入端,CP 为时钟脉冲端,$Q_0 \sim Q_3$ 是并行数据输出端。

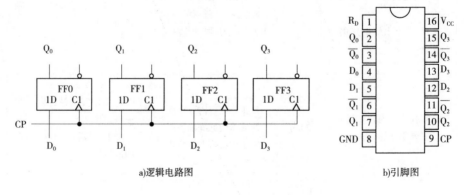

a)逻辑电路图　　　　　　　　　　　b)引脚图

图 5-97　边沿 D 触发器构成的 4 位寄存器

74LS175 真值表　　　　　　　　表 5-53

清　零	时　钟	输　　入				输　　出				工　作　模　式
R_0	CP	D_0	D_1	D_2	D_3	Q_0	Q_1	Q_2	Q_3	
0	×	×	×	×	×	0	0	0	0	异步清零
1	↑	D_0	D_1	D_2	D_3	D_0	D_1	D_2	D_3	数码寄存
1	1	×	×	×	×	保　持				数据保持
1	0	×	×	×	×	保　持				数据保持

由 74LS175 的真值表可以看出,无论寄存器中原来的内容是什么,只要送数控制时钟脉冲 CP 上升沿到来,加在数据输入端的数据 $D_0 \sim D_3$,就立即被送进寄存器中,即有:

$$Q_3^{n+1} Q_2^{n+1} Q_1^{n+1} Q_0^{n+1} = D_3 D_2 D_1 D_0$$

2. 移位寄存器

移位寄存器除了具有寄存数码的功能外,还具有数码在寄存器中单向或双向移位的功能。移位是指在移位脉冲控制下,触发器的状态向左或向右的相邻位依次转移的数码处理方式。移位在数字系统中非常重要,在进行二级制假发、乘法、除法等运算时,需要应用这种逻辑功能。

只能单方向移动的寄存器称为单向移位寄存器。它又分为左移寄存器和右移寄存器,两种单向移位寄存器的工作原理相同,只是数码输入顺序不同,图 5-98 所示为由边沿 D 触发器组成的 4 位左移寄存器。图 5-99 所示为其工作原理。

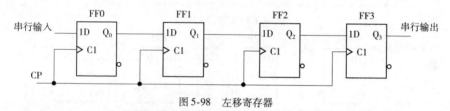

图 5-98　左移寄存器

串行输入数据之前,寄存器的初始状态被清零。假设串行输入 1010,首先输入最低位,即 0 被置入数据输入端,使得 FF0 的 D = 0。当第一个 CP 脉冲到来后,FF0 的输出为 0。

接着输入第 2 位即 1,使得 FF0 的 D = 1 而 FF1 的 D = 0。当第二个 CP 脉冲到来后,FF0 的输出为 1,FF1 的输出为 0。这样 FF0 中的 0 被移位到 FF1 中。

再输入第 3 位即 0,使得 FF0 的 D = 0,FF1 的 D = 1,FF2 的 D = 0。当第三个 CP 脉冲到来后,FF0 的输出为 0,FF1 的输出为 1,FF2 的输出为 0。这样 FF0 中的 1 被移位到 FF1 中,FF1 中的 0 被移位到 FF2 中。

最后输入第 4 位即 1。使得 FF0 的 D = 1,FF1 的 D = 0,FF2 的 D = 1,FF3 的 D = 0。当第四个 CP 脉冲到来后,FF0 的输出为 1,FF1 的输出为 0,FF2 的输出为 1,FF3 的输出为 0。这样第 4 位的 1 被移位到 FF0,而 FF0 中的 0 被移位到 FF1,FF1 中的 1 被移位到 FF2,FF2 中的 0 被移位到 FF3。这就完成了 4 位数据串行进入移位寄存器的过程。

此时可从 4 个触发器的输出端并行输出数据。如果要使这 4 位数据从 Q_3 端串行输出,还需要 4 个移位脉冲的作用,读者可自行分析其移出过程。

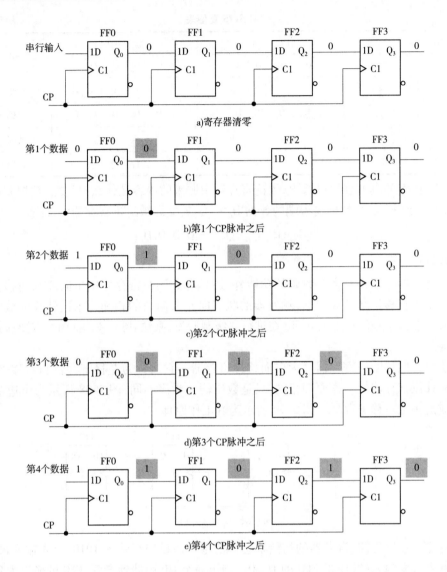

图 5-99 串行输入 1010 进入移位寄存器

3. 集成电路移位寄存器

常用集成电路移位寄存器为74LS194,其逻辑符号和引脚图如图5-100所示。

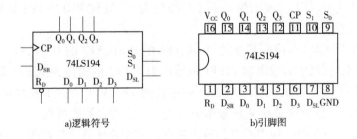

图 5-100 集成移位寄存器 74LS194

它具有串行、并行输入,串行、并行输出及双向移位功能。DSL 和 DSR 分别是左移和右移串行输入端,D_0、D_1、D_2 和 D_3 是并行输入端,Q_0 和 Q_3 分别是左移和右移时的串行输出端,Q_0、Q_1、Q_2 和 Q_3 为并行输出端。74LS194 的真值见表 5-54。

移位寄存器 74LS194 真值表　　　　表 5-54

输入											输出				工 作 模 式
清零	控制		串行输入		时钟	并行输入				输出					
R_0	S_1	S_0	D_{SL}	D_{SP}	CP	D_0	D_1	D_2	D_3	Q_0	Q_1	Q_2	Q_3	
0	×	×	×	×	×	×	×	×	×	0	0	0	0	异步清零
1	0	0	×	×	×	×	×	×	×	Q_0^n	Q_1^n	Q_2^n	Q_3^n	保持
1	0	1	×	1	↑	×	×	×	×	1	Q_0^n	Q_1^n	Q_2^n	右移,D_{SR} 为串行输入,
1	0	1	×	0	↑					0	Q_0^n	Q_1^n	Q_2^n	Q_3 为串行输出
1	1	0	1	×	↑	×	×	×	×	Q_1^n	Q_2^n	Q_3^n	1	左移,D_{SL} 为串行输入,
1	1	0	0	×	↑					Q_1^n	Q_2^n	Q_3^n	0	Q_0 为串行输出
1	1	1	×	×	↑	D_0	D_1	D_2	D_3	并行置数				

三、计数器

能够对输入脉冲个数进行计数的电路称为计数器。一般将待计数的脉冲作为计数器的 CP 脉冲。计数器在数字系统中应用非常广泛,除了计数的基本功能外,还可以实现脉冲信号的分频、定时、脉冲序列的产生等。

计数器一般是由触发器级联构成的。按其工作方式可分为同步计数器和异步计数器。在同步计数器中,各个触发器使用相同的时钟脉冲,所有触发器是同时翻转的;而在异步计数器中,各个触发器不使用相同的时钟脉冲,所有触发器不是同时翻转的。按进位体制不同,可分为二进制计数器和非二进制计数器。按计数数值增、减情况的不同,可分为加法计数器、减法计数器和可逆计数器。

1. 异步 2 位二进制计数器

（1）异步 2 位加法二进制计数器

图 5-101 给出了由 2 个边沿 D 触发器构成的 2 位二进制异步加法计数器电路。每个触发器的 $\overline{Q}$ 输出端接到该触发器的 D 输入端,即每个触发器构成一个 2 分频电路。同时,第二个触发器 FF1 由第一个触发器 FF0 的 Q 输出端来触发。

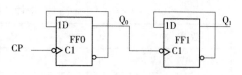

图 5-101　异步 2 位二进制加计数器

计数器工作时,每来一个 CP 脉冲,FF0 就翻转一次。但是 FF1 只有被 FF0 的 Q_0 输出的下降沿触发时,FF1 才能翻转。由于触发器存在传输延迟,输入时钟脉冲的下降沿和 FF0 的 Q_0 输出的下降沿绝对不会发生在同一时刻,所以这两个触发器绝对不会同时被触发。由此可得到它的输出波形,如图 5-102 所示。可以看出,每输入一个计数脉冲,其输出状态按二进制递增,共输出 4 个不同的状态,见表 5-55,故它称为异步 2 位二进制加法计数器,或称为模 4 加法计数器（"模"指计数器顺序经过的状态个数,最大模是 2^n）。

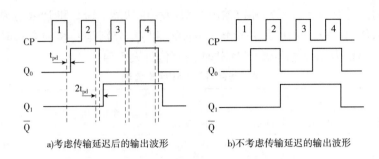

a)考虑传输延迟后的输出波形　　　　　b)不考虑传输延迟的输出波形

图5-102　中计数器的输出波形

中计数器的输出状态真值表　　　　　　　　　　　　　　　表5-55

计 数 脉 冲	Q_1	Q_0	计 数 脉 冲	Q_1	Q_0
0	0	0	3	1	1
1	0	1	4（再循环）	0	0
2	1	0			

（2）异步2位减法二进制计数器

图5-103是由2个边沿D触发器构成的异步2位二进制减法计数器电路。它与加计数器的不同点是：第二个触发器FF1由第一个触发器FF0的$\overline{Q}$输出端来触发。其输出波形如图5-104所示，可以看出，每输入一个计数脉冲，其输出状态按二进制递减，共输出4个不同的状态，见表5-56。

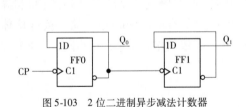

图5-103　2位二进制异步减法计数器

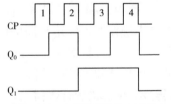

图5-104　中计数器的输出波形

中计数器的输出状态真值表　　　　　　　　　　　　　　　表5-56

计 数 脉 冲	Q_1	Q_0	计 数 脉 冲	Q_1	Q_0
0	0	0	3	0	1
1	1	1	4（再循环）	0	0
2	1	0			

2. 十进制计数器

在许多场合，使用十进制计数器较符号人们的习惯。十进制有0~9共10个数码，由于3位二进制只能有8个状态，4位二进制数可表示16个状态，而表示十进制数码只要10个状态，因此需去掉1010~1111这6个状态。十进制加法计数器逻辑图如图5-105所示，状态见表5-57。

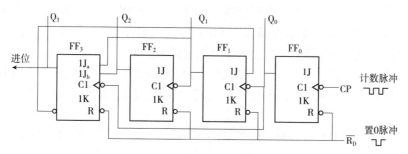

图 5-105　十进制加法计数器逻辑图

8421BCD 编码表　　　　　　　　　　　　表 5-57

计数脉冲个数	二 进 制 数 码				对应的十进制数码
	Q_0	Q_3	Q_2	Q_1	
0	0	0	0	0	0
1	0	0	0	1	1
2	0	0	0	1	1
3	0	0	1	1	3
4	0	1	0	1	4
5	0	1	0	0	5
6	0	1	1	1	6
7	0	1	1	0	7
8	1	0	0	1	8
9	1	0	0	0	9
10	1	0	1	1	不用
11	1	0	1	0	
12	1	1	0	1	
13	1	1	0	0	
14	1	1	1	1	
15	1	1	1	0	

分析:其中 CP 是计数脉冲,技术数码由 $Q_3 Q_2 Q_1 Q_0$ 并行输出。

CP 下降沿　　　　　　　　　　$J_0 = K_0 = 1$

Q_0 下降沿　　　　　　　　　　$J_1 = \overline{Q_3}$,$K_1 = 1$

Q_1 下降沿　　　　　　　　　　$J_2 = K_2 = 1$

Q_2 下降沿　　　　　　　　　　$J_3 = Q_2 Q_1$,$K_3 = 1$

3．集成同步二进制计数器

集成同步二进制计数器的产品多以四位二进制即十六进制为主,下面以典型产品 74LS161 为例讨论。

74LS161 是四位二进制加计数器,它的引脚图及逻辑符号如图 5-106 所示,表 5-58 是其功能表。由功能表可知,74LS161 具有以下功能:

①异步清零。当 CLR = 0 时,不管其他输入信号的状态如何,计数器输出将立即被置零。

②同步置数。当 CLR = 1(清零无效)、LD = 0 时,如果有一个时钟脉冲的上升沿到来,则计数器输出端数据 $Q_3 \sim Q_0$ 等于计数器的预置端数据 $D_3 \sim D_0$。

③加法计数。当 CLR = 1、LD = 1(置数无效)且 ET = EP = 1 时,每来一个时钟脉冲上升沿,计数器按照 4 位二进制码进行加法计数,计数变化范围为 0000 ~ 1111。该功能为它的最主要功能。

④数据保持。当 CLR = 1、LD = 1,且 $ET \cdot EP = 0$ 时,无论有没有时钟脉冲,计数器状态将保持不变。

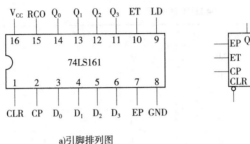

a)引脚排列图　　　　　　　　　　b)逻辑符号

图 5-106　集成计数器 74LS161 引脚图和逻辑符号

74LS161 功能表　　　　　　　　　　表 5-58

清零	置数	使能		预置数据输入	输　　出					工　作　模　式
CLR	LD	ET	EP	CP	D_2　D_2　D_1　D_0	Q_3　Q_2　Q_1　Q_0				
0	×	×	×	×	×　×　×　×	0　　0　　0　　0				异步清零
1	0	×	×	↑	d_3　d_2　d_1　d_0	d_3　d_2　d_1　d_0				同步置数
1	1	0	×	×	×　×　×　×	保持				数据保持
1	1	×	0	×	×　×　×　×	保持				数据保持
1	1	1	1	↑	×　×　×　×	计数				加法计数

四、集成时基电路 555 的应用

1. 555 集成电路

555 集成电路为 8 脚双列直插型封装。外引线排列如图 5-107 所示。

通常,555 集成电路采用单电源,在 + 5 ~ + 15V 电压范围内均能工作,最大输出电流达 200mA,可与 TTL、MOS 逻辑电路或模拟电路相配合使用。

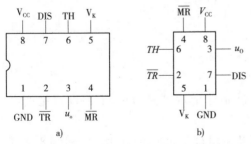

图 5-107　555 时基集成电路外引线排列

555 集成电路各管脚的作用:脚 1 是公共地端为负极;脚 2 为低触发端 TR,低于 1/3 电源电压以下时即导通;脚 3 是输出端 V,电流可达 2000mA;脚 4 是强制复位端 MR,不用可与电源正极相连或悬空;脚 5 是用来调节比较器的基准电压,简称控制端 VC,不用时可悬空,或通过

$0.01\mu F$ 电容器接地;脚 6 为高触发端 TH,也称阈值端,高于 2/3 电源电压发上时即截止;脚 7 是放电端 DIS;脚 8 是电源正极 V_{CC}。

2. 功能

555 电路可看成一个带放电开关的 RS 触发器。

输入:

阈值端 TH——等效 R(置零端),高电平有效;

触发端 $\overline{TR}$——等效 $\overline{S}$(置位端),低电平有效;

当 $V_{TR}=V_{TH}=0V,Y=1$;

当 $V_{TH}<\dfrac{2}{3}V_{CC}$、$V_{TR}<\dfrac{1}{3}V_{CC},Y=1$;

当 $V_{TH}>\dfrac{2}{3}V_{CC},V_{TR}>\dfrac{1}{3}V_{CC},Y=0$;

当 $V_{TH}<\dfrac{2}{3}V_{CC},V_{TR}>\dfrac{1}{3}V_{CC},Y$ 维持原态;

当 $V_{TH}<\dfrac{2}{3}V_{CC},V_{TR}>\dfrac{1}{3}V_{CC},Y$ 维持原态。

3. 类型

双极型:输出功率大;驱动电流达 200mA;其他指标不如 CMOS 型。

CMOS 型:功耗低;电源电压低;输入阻抗高;输出功率小;驱动电流几毫安。

4. 555 时基集成电路应用举例

(1)人工启动型单稳电路

①电路如图 5-108 所示。

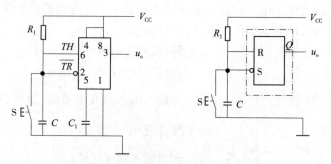

图 5-108 用 555 组成人工启动型单稳态电路

特点:将 555 电路的 6、2 端并接起来接在 RC 定时电路上。

555 构成的单稳电路是利用电容的充放电形成暂稳态的,因此它的输入端带有定时电阻和定时电容。

②工作原理。

a. 接上电源后,$R=1,\overline{S}=1,u_o=0$,电路进入稳态。

b. 按下开关 S,$R=0,\overline{S}=0,u_o=1$,暂稳态开始。

c. 开关放开后,电容开始充电,当电容 C 上的电压升到大于 $\dfrac{2}{3}V_{CC}$ 时,输出又翻转成 $u_o=$

205

0,暂稳态结束。

③应用:用作定时、延时控制。

（2）脉冲启动型单稳电路

①电路如图5-109所示。

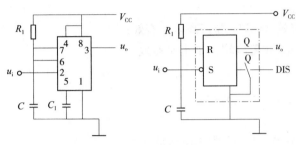

图5-109　脉冲启动型单稳电路

特点:把555电路的6、7端并接起来接到定时电容 C 上,用2端作为输入端。

②工作原理

a.通电后, $R=1$, $\bar{S}=1$,输出 $u_{\mathrm{o}}=0$,这是电路的稳态。

b.输入负脉冲后, $\bar{S}=0$,输出翻转成 $u_{\mathrm{o}}=1$,暂稳态开始。

c.经过 t_{p} 后,电容 C 上电压升到大于 $\frac{2}{3}V_{\mathrm{CC}}$, $R=1$, $\bar{S}=1$,输出 $u_{\mathrm{o}}=0$,暂稳态结束。

③应用:用作定时、延时控制。

（3）施密特触发器

【例5-2】　如图5-110a)所示,把555电路的6、2端并接起来,成为只有一个输入端的触发器。这个触发器因为输出电压和输入电压的关系是一个长方形的回形线,如图5-119b)所示,称为施密特触发器,试对其工作原理作简要的说明。

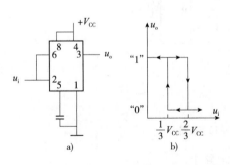

图5-110　施密特触发器

解: 从图5-110b)的曲线可见:

当输入 $u_{\mathrm{i}}=0$ 时,输出 $u_{\mathrm{o}}=1$ 。

当输入电压从0上升时,要升到大于 $\frac{2}{3}V_{\mathrm{CC}}$ 以后, u_{o} 才翻转成0。

而当输入电压从最高值下降时,要降到小于 $\frac{1}{3}V_{\mathrm{CC}}$ 以后, u_{o} 才又翻转成1。

所以输出电压 u_{o} 和输入电压 u_{i} 之间是一个回形线曲线。

应用:电路有两个不同的阈值电压,常用于开关、控制电路、波形变换和整形电路等。

（4）555构成多谐振荡器

①多谐振荡器的工作特点:

a.电路不具有稳定状态,但是具有两个暂稳态。

b.不需外加触发信号,电路就能自动产生矩形波的输出。

c.电路工作就是在两个暂稳态之间来回转换。

②多谐振荡器的用途:产生定量的矩形脉冲。

555 构成的多谐振荡器的工作原理,如图 5-111 所示。

a.接通电源 V_{CC} 后,$u_C = 0V$,此时,$U_{TH} < \frac{2}{3} V_{CC}$,$U_{TR} < \frac{1}{3}$

V_{CC},555 内基本 RS 触发器被置 1,输出 u_o 为高电平 U_{OH},电路处于第一暂稳态,V_{CC} 经电阻 R_1 和 R_2 对电容 C 充电,其电压 u_C 由 0 按指数律上。

b.当 $u_C \geq \frac{2}{3} V_{CC}$ 时,$U_{TH} \geq \frac{2}{3} V_{CC}$,$U_{TR} > \frac{1}{3} V_{CC}$,555 内基本 RS 触发器被置 0,输出 u_o 跃到低电平 U_{OL},电路进入第二暂稳态,与此同时,放电管 V 导通,电容 C 经电阻 R_2 和 V 放电。

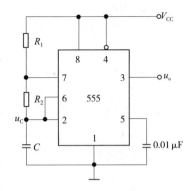

图 5-111　555 构成的多谐振荡器的工作原理

c.随着电容 C 的放电,u_C 随之下降。当 $u_C \leq \frac{1}{3} V_{CC}$ 时,则 $U_{TH} < \frac{2}{3} V_{CC}$,$U_{TR} \leq \frac{1}{3} V_{CC}$ 基本 RS 触发器被置为 1,输出 u_o 由低电平 UOL 跃到高电平 U_{OH}。同时放电管 V 截止,电源 V_{CC} 又经过 R_1 和 R_2 对电容 C 充电。电路又回到第一暂稳态。

因此,电容 C 上的电压 U_C 在 $\frac{1}{3} V_{CC}$ 和 $\frac{2}{3} V_{CC}$ 之间来回充电和放电,从而使电路产生振荡,输出矩形脉冲。

复习思考题

一、选择题

1.数字信号是指那些在时间和幅度上都是(　　)的信号,如矩形波就是典型的数字信号。

　　A.连续　　　　　　B.离散　　　　　　C.突变　　　　　　D.断续

2.数字信号只有两个离散值(　　),是一种二值信号。

　　A.高电平和低电平　　　　　　　　B.中电平和低电平

　　C.高电平和中电平　　　　　　　　D.强电平和弱电平

3.逻辑门电路按电路结构不同可分为:元件门电路和(　　)两大类。

　　A.普通门电路　　　　　　　　　　B.复合逻辑门电路

　　C.集成门电路　　　　　　　　　　D.基本逻辑门电路

4.逻辑门电路按逻辑功能不同可分为:基本逻辑门和(　　)逻辑门。

　　A.元件　　　　　　B.集成　　　　　　C.三态　　　　　　D.复合

5.集成 TTL 门电路的输入端和输出端都采用了(　　)结构,称为双极型晶体三极管集成电路,简称集成 TTL 门电路。

　　A.二极管　　　　　　　　　　　　B.三极管

　　C.晶闸管　　　　　　　　　　　　D.CMOS 晶体管

6. 将十进制数 9 写成二进制数应是(　　　)。

　　A. 01001　　　　　　　　B. 01101　　　　　　　　C. 00111

7. 将二进制数 01101 写成十进制数应是(　　　)。

　　A. 15　　　　　　　　　　B. 13　　　　　　　　　　C. 11

8. 逻辑代数运算中,$1 + 1 = ($　　　$)$。

　　A. 1　　　　　　　　　　B. 2　　　　　　　　　　C. 3

9. 逻辑代数运算中,$A + A = ($　　　$)$。

　　A. 2A　　　　　　　　　　B. A　　　　　　　　　　C. A^2

10. 最常用的显示器件是(　　　)数码显示器。

　　A. 五段　　　　　　　　　B. 七段　　　　　　　　　C. 九段

11. 图 5-112 是共阴极七段 LED 数码管显示译码器框图,若要显示字符"5",则译码器输出 a ~ g 应为(　　　)。

　　A. 0100100　　　　　　　　　　　　B. 1100011

　　C. 1011011　　　　　　　　　　　　D. 0011011

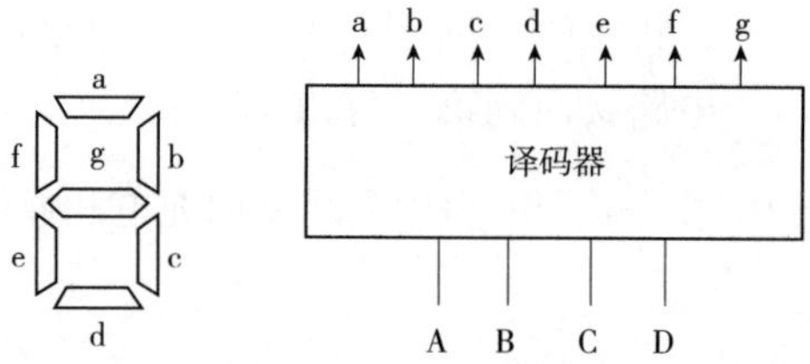

图 5-112　共阴极七段 LED 数码管显示译码器框图

12. 功能最为齐全、通用性强的触发器为(　　　)。

　　A. RS 触发器　　　　　　　　　　　B. JK 触发器

　　C. T 触发器　　　　　　　　　　　　D. D 触发器

13. 同步 RS 触发器在时钟脉冲 CP = 0 时,触发器的状态(　　　)。

　　A. 取决于输入信号 R、S　　　　　　B. 不被触发翻转

　　C. 置 1　　　　　　　　　　　　　　D. 置 0

14. 要产生周期性脉冲信号,可选用(　　　)。

　　A. 单稳态触发器　　　　　　　　　　B. 施密特触发器

　　C. 多谐振荡器　　　　　　　　　　　D. 正弦波振荡器

15. 下列不属于寄存器的功能是(　　　)。

　　A. 接收数码　　　　　　　　　　　　B. 存放数码

　　C. 输出数码　　　　　　　　　　　　D. 波形变换

16. 时序逻辑电路的一般结构由组合电路与(　　　)组成。

　　A. 全加器　　　　　　　　　　　　　B. 存储电路

　　C. 译码器　　　　　　　　　　　　　D. 选择器

17. 十六路数据选择器的地址输入(选择控制)端有(　　　)个。

　　A. 16　　　　　　　　B. 2　　　　　　　　C. 4　　　　　　　　D. 8

18. 有一个左移移位寄存器,当预先置入 1011 后,其串行输入固定接 0,在 4 个移位脉冲 CP 作用下,四位数据的移位过程是( )。

A. 1011-0110-1100-1000-0000

B. 1011-0101-0010-0001-0000

C. 1011-1100-1101-1110-1111

D. 1011-1010-1001-1000-0111

二、判断题

1. 模拟信号是指在时间上和幅度上都是连续变化的信号。 ( )

2. 脉冲信号是指瞬间突变,作用时间极短的电压、电流信号。 ( )

3. 十进制数是数字电路中应用最广泛的一种数值表示方法,二进制数是人们日常生活中最熟悉的数值表示方法。 ( )

4. 与逻辑关系可总结为:全 1 出 0,有 0 出 1。 ( )

5. 或逻辑关系可总结为:全 1 出 1,有 0 出 0。 ( )

6. 最基本的逻辑关系是:与、或、非。 ( )

7. 高电平用 0 表示,低电平用 1 表示,称为正逻辑。 ( )

8. TTL 型门电路比 CMS 型门电路开关速度快。 ( )

9. 触发器具有记忆功能。 ( )

10. 在一个时钟脉冲 CP 内,同步触发器可以被输入信号触发多次。 ( )

11. JK 触发器的 J、K 不允许同时设置为 1。 ( )

12. D 触发器具有 JK 触发器的全部功能。 ( )

13. 3~8 线译码器有 3 个输入信号。 ( )

14. 编码器、译码器、寄存器、计数器均属于时序逻辑电路。 ( )

15. 时序逻辑电路必包含触发器。 ( )

16. 移位寄存器只能串行输入。 ( )

17. 计数器除了用于计数外,还可用作分频、定时、测量等电路。 ( )

18. 四位二进制数所能表达的最大十进制数为 15。 ( )

三、简答题

1. 完成下列数制转换:

(1) $(101101)_2 = (\quad)_{10}$

(2) $(110100)_2 = (\quad)_{10}$

2. 分别总结与非门、或非门、异或门的逻辑表达式、门符号、真值表。

3. 输入端为 A、B 的两输入端与门,输入波形如图 5-113 所示,试画出输出 Y 的波形。

4. 输入端为 A、B 的两输入端或非门,输入波形如图 5-114 所示,试画出输出 Y 的波形。

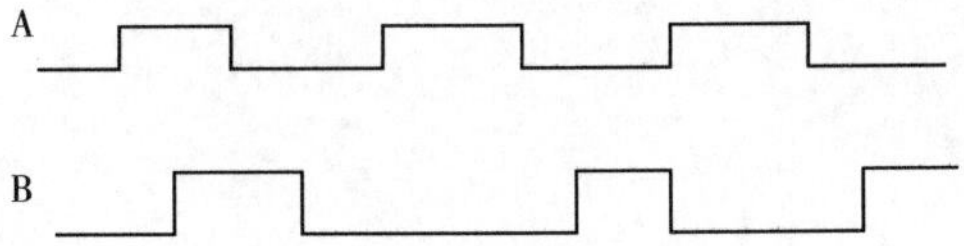

图 5-113 输入波形(一)

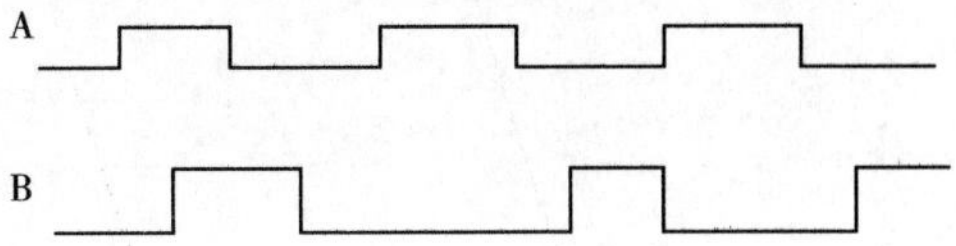

图 5-114 输入波形(二)

5. 写出如图 5-115 所示逻辑电路的真值表及最简逻辑表达式。

6. 用 4 位二进制计数集成芯片 74LS161,引脚排列图如图 5-116 所示,实现模值为 10 的计数器,要求画出接线图(CT74LS161 如图 5-116 所示,其 LD 端为同步置数端,CR 为异步复位端)。

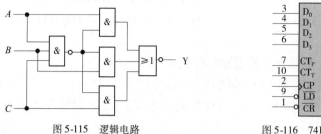

图 5-115　逻辑电路

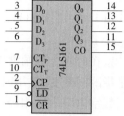

图 5-116　74LS161 引脚排列图

7. 用 555 定时器及电阻 R_1、R_2 和电容 C 构成一个多谐振荡器电路,画出电路。

8. 对于图 5-117 所示移位寄存器,画出图 5-118 所示输入数据和时钟脉冲波形情况下各触发器输出端的波形。设寄存器的初始状态全为 0。

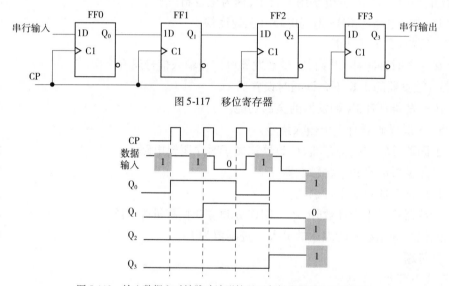

图 5-117　移位寄存器

图 5-118　输入数据和时钟脉冲波形情况下各触发器输出端的波形

参 考 文 献

［1］王照清.维修电工(四级)［M］.北京：中国劳动社会保障出版社,2013.

［2］王照清.维修电工(五级)［M］.北京：中国劳动社会保障出版社,2013.

［3］程周.电工与电子技术［M］.北京：高等教育出版社,2001.

［4］徐国和.电工学与工业电子学［M］.北京：高等教育出版社,1993.

［5］俞雅珍,黄艳飞.电子技术基础与技能练习［M］.上海：复旦大学出版社,2012.

［6］郭赟.电子技术基础［M］.北京：中国劳动社会保障出版社,2007.

［7］陈振源.电工电子技术与技能［M］.北京：人民邮电出版社,2010.

［8］史娟芬.电子技术基础与技能［M］.南京：江苏教育出版社,2010.

［9］沈长生.电子技术入门一读通［M］.北京：人民邮电报出版社,2007.

［10］程周.电工与电子技术.［M］.2版.北京：高等教育出版社,2006.

［11］陈雅萍.电子技能与实训［M］.北京：高等教育出版社,2008.

［12］广东省中等职业学校编写委员会.电子技术基础(上册)［M］.广州：广东省高等教育出版社,2009.

［13］胡峥.电子技术基础与技能［M］.北京：机械工业出版社,2010.

［14］劳动和社会保障部教材办公室组织编写.电子技术基础［M］.北京：中国劳动社会保障出版社,2007.